悦读文库

何红雨 著

谁的少年，会没有叛逆

江西教育出版社
JIANGXI EDUCATION PUBLISHING HOUSE

图书在版编目（CIP）数据

谁的少年，会没有叛逆 / 何红雨著. — 南昌：江西教育出版社，2017.6
（悦读文库）
ISBN 978-7-5392-9476-6

Ⅰ.①谁… Ⅱ.①何… Ⅲ.①人生哲学－青少年读物 Ⅳ.①B821-49

中国版本图书馆 CIP 数据核字(2017)第 092510 号

谁的少年，会没有叛逆
SHEI DE SHAONIAN HUI MEIYOU PANNI
何红雨　著

江西教育出版社出版

(南昌市抚河北路 291 号　　邮编：330008)
各地新华书店经销
新乡市龙泉印务有限公司印刷
787mm×1090 mm　　16 开本　　13 印张　　字数 180 千字
2017 年 10 月第 1 版　　2018 年 11 月第 5 次印刷
ISBN 978-7-5392-9476-6
定价：26.00 元

赣教版图书如有印装质量问题，请向我社调换　电话：0791-86710427
投稿邮箱：JXJYCBS@163.com　　　电话：0791-86705643
网址：http://www.jxeph.com

赣版权登字-02-2017-512
版权所有　侵权必究

第一辑
心生美丽

心生美丽 /2
为自己跳舞 /4
寻觅幸福 /6
秋天多好 /8
嗨，新发型 /10
求人不如强己 /13
给我一捧花 /15
喜欢便承受 /17

细碎的美丽 /20
情人节的九朵玫瑰 /23
就这样靠近你 /25
哪怕变成完全的雪人 /28
最美的爱情是细水长流 /31

第二辑
素年锦时

夏雨 /34
雪的记忆 /36

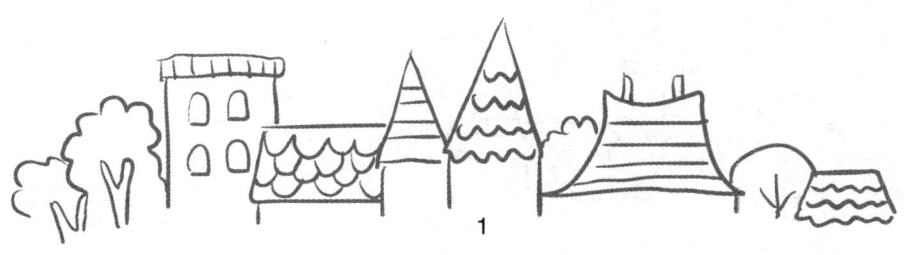

素年锦时 /38	**第三辑**
清欢 /42	**爱在路上**
父亲 /46	
重拾一些记忆 /62	在路上 /90
独自漂泊 /64	做次旅行 /93
红色气球 /69	南方八月 /95
再见,时光 /71	最好时光 /98
五月,花儿与母亲 /73	离不开,丢不下 /101
那年,清香的味道 /77	在青岛 /104
我会听你话,一辈子 /80	在北京 /107
那些微凉的片段 /83	在济南 /112
感恩生活的馈赠 /87	棣花古镇 /116

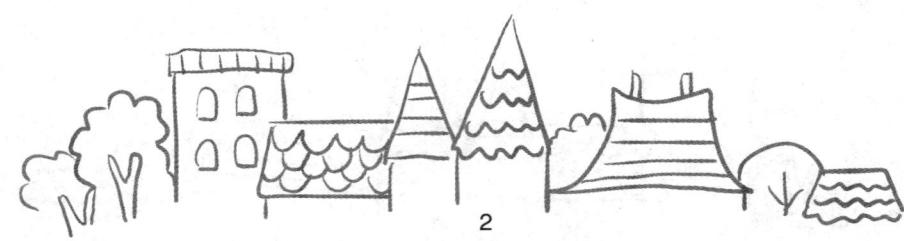

日照时光 /121
关山牧场 /124
我的花环 /127
出行的思考 /129

**第四辑
人间草木**

红蓼清秋 /132
柳絮榆钱 /137
世世合欢 /141
木棉花开 /146

眷恋桐花 /150
心若兰兮 /155
茉莉时光 /159
玉兰幽香 /165
虞美人兮 /170
栾树花雨 /176
木槿开兮 /181
蒲英似雪 /186
蔷薇妖娆 /191
桂花飘香 /197

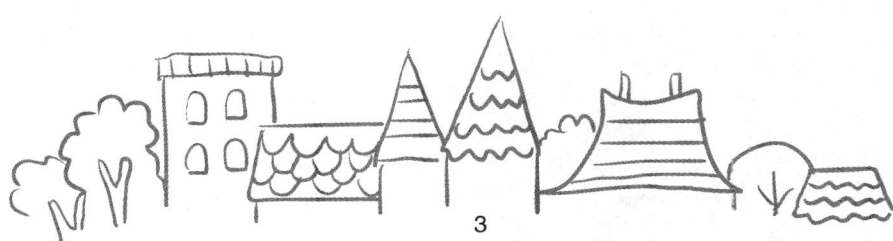

第一辑

心生美丽

心生美丽

蔚蓝的天空,透亮的阳光,三件纯白的T恤就这样平展地挂起来,在阳光下,晾晒。清风吹过,它们快乐地舞动,竟也满是情调,满是温馨。

是呀,晾晒的是三件T恤,更是一种心情、一份幸福和一种骄傲。就像幸福的一家人,并肩走在一起。或者并没有手牵手,却也有着一样的步调、一样的快乐、一样的笑容。那些幸福和满足,或者并不浓郁,浅浅淡淡,却都是如此真实。

其实,生活中,那些简单的幸福和快乐距离我们并不那么遥远。

而常常,我们总会忽略了这些美好的幸福和快乐。

把每一件事都当作一份快乐、一种美好,那么,你的幸福和快乐就会多出许多。

擦拭镜子,看到了镜子中的自己。头发或者有些凌乱,却并不影响你固有的那种美好。也或者,就是这样的几丝凌乱,才更有味道。不是风吹乱的,是忙碌的时候自己散乱下来的,一绺,或者,仅仅几丝乱发,却都那么美好。只是看到的这个刹那,你便欢喜地笑了。而那些疲累,也随之消失。

做几道菜,看起来,真是好麻烦。但其实,却真是一种享受。一道道工序,精致到不能马虎,要做得精细,再精细一点,或许会浪费一些时间,可是,

第一辑 心生美丽

制作的过程或者会比你坐下来，静静享受更要有意思，亦充满了无尽的乐趣。

打理那些花卉。啊，一盆盆的，它们那么安静地看着你，微笑着，很恬静，似女子，那样柔情，那样乖巧。或者，在你轻轻触摸到它们的时候，会忽然感到浑身舒畅。呀，原来，它们和自己有着如此深厚的情感。忽然离开几天，再看到那些花卉，有几盆已经些微打蔫，忽然，会在心里自责，怎么临走会忘记照顾它们？给它们松土、施肥、浇水、修剪，心情是如此美丽。偶然看到一朵绽放的花朵，会惊喜，会激动，这是花卉给你的回报——你的付出，它们懂得。

我曾听到一个故事，是说你所喝的水，其实，亦是懂得你的。这种懂得，是指你是否会善待它们。倘若你不懂得善待它们，它们亦会面目狰狞起来，那么，你喝进肚子中的水，自然也会影响到你的健康……听起来似乎是不太可信的，但细细地想，确是如此。

——就像我们的每天一样。

每天，我们笑对生活，看云淡风轻，对待任何人任何事，都友好坦然，我们会同样收获更多的美好。于人于己，其实，都是最快乐最美好的事情。

就像那三件挂在蓝天白云阳光下的T恤一样，让看到的每个人，都心生美丽。

谁的少年，
会没有叛逆

为自己跳舞

夏日的傍晚，我经过一个广场。一些年轻人，在练习一种舞蹈，他们的身体时刻都跳跃着一种激情，或者看似冷寂，却亦是有着一颗奔放澎湃的火热之心的。

而另一些人，已经过了不惑之年，却也依然热情似火。他们扭动着身体，一起随着音乐，跳着一场场舞姿并不优雅的舞蹈。

我不知道他们跳的是些什么舞。但是，我为他们而止步。在看他们跳舞的时候，我忽然就很想，很想为自己跳场舞。或者，我并不会舞出怎样优美的舞姿。或许，我本就是个蹩脚的舞者。可是，我依然要坚定地起舞，我不怕被人笑话或者鄙视。

每一个人，都应该为自己跳一场舞。

这场舞，是自己的一个梦想，披着七彩华丽的衣裳。某天，你已经走过一些最美的年华，而你的那个华丽的梦想呀，却仍旧没有实现。那么，那时候，我情愿你不要放弃，不要灰心，亦不要沮丧。我情愿，你一如我这样，扭动自己的身体，跳出人生一段最美的舞来。

也许，并不会有太多的人为你鼓掌，你的舞姿亦并不优美娴熟，但是，我还是情愿你一再坚持，而不要轻易放弃。

试想：短暂的生命之中，你还有多少时光，是在为自己轻舞？

第一辑
心生美丽

  为自己跳场舞，不一定会收获太多的掌声。但是，能够做个非常卖力亦投入的蹩脚的舞者，你的勇敢和坚毅，大概亦会感动你自己吧。但是只要你认真，只要你坚持，或许，某天，你就会成为舞场中那个最娴熟也最抢眼的舞者。

  仅此而已。

谁的少年，
会没有叛逆

寻觅幸福

多少年来，我焦急地寻觅着幸福。而我的那些所谓的幸福呀，仿佛是在和我捉着迷藏般，始终都不肯落落大方地露面。

心，于是便焦躁起来；人，便也不肯安分起来。

如此浮躁，也还不肯罢休地寻寻觅觅。

某天，当我在并不宽敞的阳台一隅，种植了四叶草的时候，心，却仿佛倏而恬然静谧了下来。每天，我都会去看望那些四叶草，从它的种子被我撒进那个长条形状的花盆开始。一天天的期待和呵护中，渐渐地，它冒出了一丁点的小芽儿。在阳光下，我欣喜和骄傲，并且也会为它欢歌。

四叶草呀四叶草，可知彼时，你就是我心中的幸福期盼。

在春日的暖阳下，我也会想起自己以前的一些种植。不止一次地，我在花卉市场买回一些花草蔬菜的种子，并兴奋地将它们撒进花盆。我以为，它们都能够很好地成长，能带给我忙碌生活中难能可贵的清新和惬意。然而，更多的时候，它们只是发出一点小芽儿，或是会在长出几片小叶儿的时候，便都悄然死去……生命，便至此不再鲜亮和拥有生机。

终于，我想要放弃了。

我想，我是不适合养育它们的。

但是，令我没有想到的是，这盆四叶草带给我的欢欣和骄傲，以至于

第一辑
心生美丽

我的心头又找回了那丢失的自信,乃至无处寻觅的小小的幸福。

它们在春阳下,发芽、生长,以青青绿绿和生机勃勃覆盖了那个长条形状的花盆,继续长大、开花。它们绿绿的叶儿,由四个小小的桃心围拢而成。那时,我会想到关乎心灵的许多。

比如,于幸福的寻觅,以及于美好的感悟。它们,皆是需要用心体悟的。也会因了你对生活的热爱,而欢喜和甜蜜,幸福和从容。于是,幸福的定义,便再次被我认定。

原来,所谓的幸福,就在生活的点滴当中。

那些小小的欢喜、甜蜜,以及幸运,便也是种难得的幸福,而并非要一直苦苦寻觅"大幸福"。也或许,终有某天你会发觉,生命光阴中的"大幸福",其实正是由那些小幸福串联而成的。

幸福在哪里?

它,就在我们平素看似淡然的生活里。

四叶草,仍旧在阳光下,绿得可爱,叶儿围拢,四个桃心的样子。

而其时,我的心间也蓄满了幸福。或者,它们并不阔大,但是我想,我已知足。如此,便也是种极大的幸福了。

谁的少年，
会没有叛逆

秋天多好

朋友打来电话，声音蔫蔫的，丝毫没有精神的样子。

问及原因，原来只是，秋天来了，看到百花凋残、落叶翻飞，而生出凄冷忧郁之情。

我在电话这端笑出了声。并不大的笑声传递过去，她分外不解，便问："难道，你就不烦恼秋吗？……"

"秋天多好，多好呀！你瞧，那些绚丽缤纷的色彩，或者重叠，或者繁复，抑或还会密集或是隐藏。而，天空湛蓝且高远。云儿悠悠且洁白如大朵的棉花。更何况，亦是有花儿在绽放，在秋风中，它们，并不那么消极，斗志分外昂扬。还有那些树木呀，亦都是着了不同色彩的衣裙。银杏树上挂满了一把把小巧精致的黄扇子；栾树则在亮黄色小花儿落尽之后，缀上了一个个团结紧凑的灯笼形果实；道路两边植着的整齐法桐呀，则会渐次将它的黄叶儿铺满脚下，踩上去，十分绵软……放眼望去，亦是一派雄浑与豪放，似乎，有千军万马，甚或是万千美人儿，正从遥远的地方纷至沓来，直逼得你，眼睛温存亦湿润起来。内心，或者还会欢呼和雀跃，为眼前这一排排的法桐，以及它们纷落的黄叶儿。

"每天路过宽广的大道，总能看到一株株静默站立的木槿。它们，在这个清秋，亦是开出了美艳的花儿。或紫或白，那样淡然且宁静。似乎，它们，并不想与世间的万物相纷争。而我每每看到，内心便会升腾起一些

第一辑
心生美丽

敬仰和羡慕。亦有平和与优雅，渐次地漫过我倘或并不闲素的心房。

"去郊外办事儿，却看到了一大片格桑花，美丽且妖娆。它们都兀自着静开。那片略微空旷的土地，亦只不过是城郊一大片等待开发的空地而已。然而，这些格桑花呀，却分外努力地盛放，或者，它们对生命的另一种理解，只是自我的努力和持有的自信。无论是否被欣赏还是赞叹，亦无论是否被摄入画面进行炫耀甚或珍藏，亦是与它们毫不相干的。——只是怒放，就已然足够。

"有种叫不上名字的雏菊，小小却也俊俏的模样，它们，总是静静地绽放于路边。在秋凉的微雨或是薄暮里，倘或遇见，便总会以为，它们，——就是在等待欢迎着你。可不是？你瞧，它们，多么虔诚的模样？在微雨或薄暮中，那安然俊俏的样子，似乎还有着几许浅笑，是在为你，亦是在为她。

"除了一些花儿、树木之外，在秋中，还有数不尽的水果，全都晶莹灵秀着出现。苹果的脸颊，总是微微地泛红，似花季少女略微害羞的面庞。鸭梨的裙衫是渐次着退却了青绿的，就嫩黄下去，直到你被诱惑和迷醉，而，一口咬下去，恐怕，连日来干涩的喉咙，亦是会被滋润得一如喝了大杯蜂蜜水般。葡萄则颗颗圆溜，粒粒饱满，着了紫红色的衣衫，看不到她的羞涩与忧伤，只是尽可能地饱满和丰盈，要留下最为美好的印象，给我们。还有石榴，最是憨厚可爱，那张开的嘴巴呀，带着些微的娇和傻。但，却分外俊俏，亦特别。张开的嘴巴中，饱含着的是一粒粒晶莹透亮的果实，微粉微红的颜色，似乎正在热情亦羞涩地唤你——来吃吧，央点哦……

"早晨出门，是微微的薄凉，但空气清新，神清气爽。夜晚抬头，天空中正挂着一轮圆月，她那皎洁的面容，以及无私的清辉，总会使你万分留恋。甚或，你想，若是有一整夜，可以陪伴着她，这个迷人的月亮仙女，又该多好？……"

在我将秋天的美好，一一细数给朋友之后，她在电话那端笑了起来。

我听到了她朗润亦明快的笑声，终于，放下了一颗担忧的心。

"秋天多好，秋天多好呀！"

——我在新浪微博上，写下了这样一句话。

我期望，每个人，都能如我这样，用心感受秋天，亦感受生活的美好。

谁的少年，
会没有叛逆

嗨，新发型

多年来，我养成了一个习惯，那就是，每每剪了头发，或是做了新发型，必定是要为自己拍几张照片的。

我将那几张拍下来的照片，珍藏起来，作为一份十分美好的回忆。

我觉得，那是一件非常有意义的事情。

比如，多年后的某天，再次翻看这些照片，也许我还会清晰地记得那次修剪头发的情景。

是在哪个理发馆、美发厅，而那个时候的自己，又有着怎样的心境。

新发型，有令我满意的时候，也总有令我很不满意的时候。

我一向并不喜欢更换发型师。

这是我的一个习惯，如果发觉某个发型师做的头发很适合我，那么，我就会一直都找他来给我修剪头发。

然而，就算你再怎么满意，也总会有些发型师会突然间消失，再也无法联络。

就比如，曾经的一个发型师，他给我烫的头发就很好看，确实也蛮适合我的。然而，两年后的一天，当我再去那家发廊找他烫发的时候，却被告知，他已经离开了。在询问怎样联系他的时候，发廊的工作人员却都会说，对不起，真的不知道……

这个世间的许多事情就是这样。

我们总会在某天的某个时分，品尝到失意的滋味。

也许，这件事情很小，这个人的无法再联络也不能算是多么重要，然而，那件看上去很小的事情，那个也许并不重要的人突然消失，却会令我们感觉失落。

某次剪发的时候，额头竟然被发剪划破。

其实那次，那个年轻的美发师给我剪的头发我还比较满意，可就在即将完工的时候，他在最后修剪我的刘海的时候，却不小心用剪刀划破了我的额头。

那一刻，他不住地向我道歉，并且一再地央求我，说："姐姐，求你一定不要把这件事情告诉我们的店长，如果被他知道了，我就会丢掉饭碗的……"

看着他慌乱的神情，听着他抱歉的话语，我点头微笑，并且告诉他，我不会告诉店长和他的同事的。我又说，你剪得很好，下次我还来找你给我剪头发。

他听后分外感动。在我离去的时候，他一直送我出了店门。并且，在已经走出很远的时候，我还能够听到他在大声地说着"谢谢，谢谢"！

其实，我们每个人都有可能会犯下这样那样的错误，任何时候，都请多一分宽容，以一颗悲悯的心去看待人生吧。

昨晚，我又剪了新发型。

剪得并不好看，太短，并且，在我早晨起床的时候，发现新剪的头发竟然四周都卷翘了起来，看起来，多少有点奇怪……但我并未抱怨什么，我只是在照镜子的时候，微笑着对自己说，并不难看呀，让头发换种造型，又有什么不好呢？

新发型，很快很快就会适应我们。

第一天，也许，那新发型看起来是有点怪怪的模样，不过，也许第二天、第三天就会看起来很顺眼，也很好看了。

谁的少年，
会没有叛逆

那么，就算美发师真的给我们剪坏了头发，都请原谅也理解他们吧！

生活如此美好，你看，春日早晨的阳光多么温暖明亮，而枝头的花儿又是多么鲜艳俏丽。而我们又何必要去计较人生的许多呢？

不如意总会有的，但是，还是希望每个人都学会看淡那些不如意，把心怀放得阔大，再阔大一些，也让笑容重新绽放于我们的面庞。

嗨，新发型，感谢你带给我不一样的感受和不一样的心境。

求人不如强己

随着年龄的增长，我越来越喜欢这句话了，也越来越能体会出这句话所包含的深刻哲理。

大凡成功者大都没有求人的习惯。总是求人的人其实很窝囊也很机会主义。

不是吗？倘若一个大男人整天低声下气地乞求别人，也许别人会给他一丁点的施舍，可那又怎样呢？结果是他会失去做人的尊严。

倘若一个人连尊严都丢掉了，那么他是不是太过可悲呢？

有志气的人是不会廉价地乞求别人的。人要有铮铮傲骨。

与其低声下气地去乞求别人，不如从小事做起，一步一个脚印。让自己从实际出发，做些实际的事情，哪怕是小事，但只要真的有意义，可以使你成长，可以使你提升，就该不放弃地去做。

许多事情其实都证明了——当机会来临之时，最可怜的是那些面对机会而没有能力抓住的人。在机会面前，他们显得手足无措，也懊悔不已。他们甚至会哭着喊着，怨自己当初没有踏实地学习或者太眼高手低。

机会，对所有人都是非常公平的。在机会面前，我们不该过多地抱怨，而是应该认真反思自己。当自己把握不了机会的时候，或者当机会离我们远去的时候，我们应该更多地反思，而不是一味地抱怨和悔恨。

谁的少年，会没有叛逆

　　永远都向前看的人才是聪明人。因为向前看，也许你看不到黑暗，心里只有未来宏伟雄壮的蓝图，所以你注定会快乐，会积极，也因为你此刻快乐积极的心态，所以你会获得最大限度的成功。

　　过去的已经成为历史，而历史又怎么能够重新改写呢？

　　常常深陷于过去泥沼中的人是可悲的也是可怜的，他也注定难以获得成功。

　　既然是过去，既然过去我们已经无法把握和改写，那么，为何不好好地畅想未来，不好好地设计自己的未来，不好好地为自己的未来做好一切准备呢？

　　未来，也许我们就是那个最成功最耀眼的人。

　　机会永远是为有准备的人预备的，成功也永远只会青睐努力奋斗的人。

　　那些还在或者正在为成功奋斗的人啊，或许你现在真的很辛苦，很疲惫，但请你一定不要停下你的脚步，因为，你的未来注定是无限美丽的。你得朝着美好的未来行走，偶尔停步歇息，但必须得一路坚持，才能最终抵达胜利的彼岸。

　　求人不如强己，只有自己度自己，自己才是自己的观世音。

第一辑
心生美丽

给我一捧花

生日或者节日的时候，甚至是平常的日子里，也想要对你说，给我一捧花。

喜欢花，碎碎的花，最好是浅色的，浅粉、浅紫或者浅黄。

不一定要特别芬芳的花店里的昂贵花，就算是乡间田野中偶然间散落的零碎野花，被你用心地剪下来，然后扎成很随意的花束，我也会很喜欢。

秋日里，一个黄昏，回家。然后有一段田间小路，车子不便开进去，于是，我们决定下车一起走。

已经有多久我们没有这样休闲地走了。可以没有心思，可以不去考虑很多。眼前就只是一片空旷，蓝色的天空、绿色的田野、狭窄又崎岖的乡间小路，我们一起挽了手，然后慢慢地走，真好。

已经有多久我们没有这样悠闲地走了。可以没有牵挂，可以不去思念很多。耳畔有你的轻语，草丛间偶然会有虫子的低吟，听不懂它们在说些什么，但尽管如此，那也是一种极美的享受。

有清风悄然吹过，乱了我的发丝，还有你的短发也被它抚乱了，有着一些调皮的意思。

清香，对，有清香袅袅地飘了过来。循着那缕清香，蓦然间看到的是一些小花，很小很小的花，黄色的、紫色的或者蓝色的，很悠然地散落在

谁的少年，会没有叛逆

田野边的某个路段。

很喜欢这些花。

我只轻声地这么说道。

你却已经快步上前，然后蹲下，俯身，轻轻地采摘。

那些花，被你以最快的速度采摘完毕，稍作整理；然后，就是你深情的眼神和表情。

——给你的。

在那些小而精致的花触到我手指的时候，就在那一瞬间，我的双手竟被你握得很紧很紧。有温暖和甜蜜滑过我心间，然后，便是蓄积的感动，一再地把我包围。

你的额是什么时候挨到我额上的，我全然不知。

我陶醉了。

真的是陶醉了。

我喜欢这些花儿，有着碎碎的狂野，也有着浅浅淡淡的馨香。

我更喜欢的是这一刻里，你的无尽温柔，那么细腻和深情。

生命的长河中，或许，会有他人再经过你的身边；或许，你也会悄然地送捧花儿给她。

可是，我还是想得到你的那捧花，就像那天在田间地头，你深情无限地送给我的那捧花，一样。

一个凡俗的女子，别无所求，但她还是会在心底藏起一个愿望，希望得到一捧美丽又清雅的花。野花，即使是野花，她也会喜欢。

无论岁月如何轮换，也无论生命的年轮如何转动，我想，那捧你曾经给予的花儿，最终都会保持原形，哪怕干枯，也会是最美的标本，就像你给予的最纯粹最深情的爱恋。

给我一捧花。

那么，我将会是世上最幸福的女人。

那一刻，在收到你那捧花的时刻，我的心终是会开成世间最灿烂的花的。

我想，那种幸福或者甜蜜，必将是永恒。

第一辑
心生美丽

喜欢便承受

喜欢安静。

也许是因为明白了自己只有在安静的时候，才能够明了许多道理。就像你和我，是需要安静着继续还是吵闹着分离。

习惯一种生活，或者颠沛流离或者安居乐业。

但相对来说，安居乐业的生活更加适合我。

恬静地生活，享受悠闲的淡然和情趣，这是自己一直需要的生活。

在暖暖的春阳下，种植一些植被或者欣赏一些花草；在吹着清凉夏风的夜里，倚在喜欢的人身边，看天幕中闪烁的星星；在秋日的黄昏下，细数秋天的壮丽与凄美；在飘雪的冬日，裹了暖和的棉衣，尽情着踩踏脚下沉积的白雪，然后听它们发出咯吱的清脆响声……一切，都是简单的、快乐的、有情趣的。

没有与人纷争的烦闷，亦没有为生存而忧虑焦躁的压力，这样的生活，该是理想又长久渴望的那种吧。

一个人，一种喜好；一个人，一种追求。

于我来说，喜欢和追求的最高境界乃是完美。

许是这个原因，更多的时候，我喜欢按照自己的思维方式去完成生活。

而两个人一起相处的时候，如此这样的我，必然就注定了矛盾和不快。

谁的少年，
会没有叛逆

于是，便有了短暂的分离或者痛苦的流涕。

但，分离也罢，流涕也罢，在一切都经历之后，我们——生活中息息相关又难舍难分的两个人，又必定会拉起手儿，铿锵着走在一块儿。

生活中，反反复复出现这样的故事。有一天，他终会难以忍受吧，终会不再回头吧。

心里这样猜想的时候，我就奇怪地要去问他：是否某一天里，会扭转身子，永远地不再回头。

不会的，永远都不会的。

他的回答永远都简短而坚定。

纵使如此，喜欢和爱慕他的我还是想要在他回答的时候，仔细着寻觅出一些不肯定来。于是，目光便开始游移于他的神情。

有段时间，自己总喜欢反复地这么问他。许是他厌腻了吧，许是所有男人都不喜欢如此反复地回答同一类的问题吧，总之，他总是回避我。

而这些时候，遭遇冷淡的我，便又会联想许多许多。

一个寒冷的冬夜，我失眠了。泪，湿了枕头。

他醒来的时候，有些略微的惊异，但，也只是略微一点点的惊异。而这样略微一点点的惊异，在我看来，还不如不要惊异更好一些。因为，善感的我，这时候肯定又会想，他还是不那么关心自己，对于自己的眼泪或者忧郁都熟视无睹……

一个人对另一个人的适应，是一生的还是一时的？

这个问题，至此，也会常常地盘旋在我多愁的大脑。

当然是一生的啦。

这，只是我一个人的观点而已。

在我看来，喜欢一个人，真心地爱慕一个人，是该一生都适应或者迁就她的。或者仅仅只是喜欢她而不愿意让她失望就一直任由着她。这样的女人是幸福的女人吧？最起码，她喜欢的人是真正了解她，并且愿意为了她的某些缺点而宁愿委屈自己，只要她快乐和幸福就足够了。

第一辑
心生美丽

这，是喜欢和爱慕的一种真诚吧？虽然不尽如人意，却是美丽且善意的。

如果，你正在喜欢一个人，那么就对她好一些，再好一些。尽量不去伤害她，让她时刻地感受你的喜欢和呵护。这样，她的心里，会储存更多的甜蜜。总有一天，她会把储存在心底里的所有甜蜜，都毫无保留地拿出来——给你。

谁的少年，
会没有叛逆

细碎的美丽

在一些季节，去一些地方，我们可能常常会想起一些美好的过往。

比如，你会在春意融融的时节，在看到春日竞相绽放的一些花儿时，想起那年你们的漫步和牵手。

那时候，也是春，千朵万朵的花儿都盛放了。你们走在一些花树下，是绚烂的樱花或是娇艳的紫荆。在花树的旁侧，还会有大朵的芍药和富贵的牡丹。

那时候，在植物园里，正有几对新人在欢喜地拍摄婚纱照。准新娘穿着洁白的婚纱，微微羞涩地依偎在准新郎的身旁。

在那一刻，你的双颊也忽然飞上了红云。

啊，你是想到了或者较远的未来，又或者，会是不久之后，你亦会如她们这样，穿了美丽纯白的婚纱，来到一株株花树间拍照。而那时候，想必，自己会是这个世上最幸福快乐的女子吧。

相信在那刻，他亦会满心欢喜与幸福吧。

你们都不自觉地停下了脚步，是在一起欣赏那正在拍婚纱照的人儿。

是啊，谁不羡慕他们呢？

何况，是这样温暖明媚的春日，朵朵花儿都娇艳芳香着。

回去的路上，偶遇一对新人。新娘子坐在敞篷的跑车中，她的旁边，

正是英俊帅气的新郎。

看到的那刻,心儿忽然就又激动起来。

什么时候,自己也会如她那样,拥有一个幸福美满的小家呀。

去一座小城办事儿,我会自然而然地想起一些事情来。

那些年,在这座小城的许多地方,你们可是留下了美好时光呢。

河边的亭子,依旧还是老样子。只是,在而今,你静静坐下来,感受那拂面的清风之时,会偶尔感伤起来。

曾经,你们也在这里静静地坐过,一起看那粼粼的河水,也看那岸边放着风筝的孩子。他们的欢笑声,其时,于你们来说,总是显得十分多余。

广场的东侧有大片的莲池。每到六月,便会开出大片美丽的荷来。那些或白或粉,更或者是浅黄色的荷呀,总会给人以分外美好的遐想。那时候,你们一起漫步于莲池旁,也会安静地看那在莲池旁摄影的男人,他总是十分专注地拍那朵朵袅娜的荷,然后,会在拍好之后,发出几声朗朗的笑声。

而,彼时,就在你们静静地赏那片荷的时候,你亦会在心里想象爱你的他的心事儿。

比如,你会想,他是不是觉得你有时亦是像极了一朵荷的,粉色、白色,更或者是浅黄的颜色。然后,袅袅娜娜地绽放着,在他的心里,也在他的面前。

这样想的时候,面颊便滚烫起来。热热的感觉,然后,你便不好意思地微笑起来。

在一条街的南边,有家馄饨店——这座城市里历史最为悠久的馄饨店。你走进去,一个人,静静地坐下来,然后,要了一碗馄饨。

这时候,你会想起一些温馨的好时光来。

那几年的寒冬,你和他常常会光临这里。年轻的你们,并不喜欢做饭,而这里,便成了你们常常填饱肚子的好地方。

甚或,你们还曾经只要过一大碗热馄饨,然后,两个人,热烈激情地吃着,倒也分外惬意和欢快。

谁的少年，
会没有叛逆

　　偶尔，他会喂你几口热热的馄饨。然后，你便不好意思起来。当然，你心里也会矛盾，既想让他喂你，却又担心身边的食客笑话你；于是，便对他说，好了，我自己来。

　　在城南的堤岸上，你们也曾洒下足迹和欢笑。

　　他踩了单车，载着你。是二八的飞鸽车子，你坐在车子前面的横梁上，迎着春日里微寒的瘦风，欢呼着，也唱着喜欢的几首歌儿，朝东的方向驰去。那时候，你总能嗅到他的发香，是清凉的薄荷的味道，被春风吹散，然后，漫入你的鼻孔。

　　时光荏苒中，多少往事早已渐次地模糊。

　　而他的一个眼神、一个微笑、一个背影……在若干年后，仍旧美丽。

　　总有一些爱，虽然已经如风飘散，但是那份美好永远都在。

　　它们，会永远地被你铭记，永不会忘记。

第一辑
心生美丽

情人节的九朵玫瑰

情人节,我收到九朵玫瑰,可是,天色已经暗了很久了。

我没有哭泣,因为我已经被这九朵玫瑰感动了。

九朵,九朵含苞待放的红色玫瑰。

我喜欢。

喜欢它的颜色,是那种深色的红,虽有点暗红的意思,但是异常高贵,属于玫瑰中少有的颜色吧。

希望爱情可以天长地久。

这是你想要表白的吧——我想,是的。

看到这九朵玫瑰,其实就猜到了你的心思。不用多说什么,其实,其实你我只是希望爱情长久,最好长久到永远。但永远是多远,恐怕没有谁可以说得清楚。

不想考虑太多,只想把自己陷入快乐和幸福的列车当中,一直疾驰而不停歇。

着实已经很累了,望眼欲穿的期盼其实已经很久很久了。

还好,终于,我还是等来了。

爱情的美好,多半在于相爱的人可以体味即使苦涩等待也还甜蜜的感觉。

谁的少年，
会没有叛逆

很怕这九朵玫瑰凋谢掉，于是，我拿了装满水的花瓶，把它们浸在水中。

一天过去了。再看那九朵玫瑰时，我发现它们已经开得很好了。它们的花瓣张开了，并且是很惬意地张开了，在花蕊的中间，甚至还有一丁点的水分在显现。

我知道，或许，是这九朵玫瑰也感动了吧。它们就是要开到最好，就是要把最美丽的面庞给予我们。

后来，在换水的时候，先前还娇艳水灵的玫瑰花瓣已经稍显蔫萎，心里便多少有些疼痛。

把它们放在阳光下，希望可以再次焕发活力，可是，依然是失败。

那些花儿，那些你于夜色中捧回的九朵玫瑰显然已经凋败了。

其实，始终，始终有朵玫瑰是开放在心中的。只要你我愿意且甘愿它开放，它始终都不会凋谢的。

爱情，其实，并不一定是要你在想起或者感动的时候，才吝啬着给予它养分或者呵护。它始终就是一个漫长的过程。要想拥有完美的爱情，你必须得有足够的耐心甚至勇气。

如果，仅仅只是在你需要或者尊重它的某一片刻中给它温暖，它迟早会颓败掉，就像那些虽然放置于水瓶中的玫瑰一样，迟早会因养分的不足或者阳光的缺少，而在离开其枝干的某个短暂时间里，蔫萎或者凋零。

不是期望长久吗？

那么，趁爱情还没有完全褪色，早点给它足够的养分或者呵护，相信它，还会长久起来。

至于情人节的那九朵玫瑰，我依然不想扔掉，即便它们枯萎或者凋零，我都要把它们做成标本，并在标本中赋予它们永恒。

第一辑
心生美丽

就这样靠近你

两片花瓣，很轻盈地落在了一颗石头上，那石头光洁而敦厚。

我想，那花瓣，有一个是我，而另一个吧，则是你。

我们长在同一个花园里，属于同一种花，连花的颜色都是相同的。

只不过，我们没有诞生在同一株花枝上。

阳光灿烂的那个午后，我正懒洋洋地坐在自家的门前晒太阳，无意中却遇见了你。那一刻，我脸儿绯红。

我是在抬头瞅花园边那棵梅子树时，撞见了你的目光的。当时，那棵梅子树上正栖息着一只画眉，一种很美丽的鸟儿，它叽叽喳喳的，正在欢唱着也许只有它自己才能听明白的小曲儿。而我，是被它的欢快还有它那一身美丽的羽毛给吸引了。

我的整个目光都打算投向它，而这个时候，我遇见了你。

你正站在距离我不是很远的地方，正在微眯着眼睛，有点假寐的意思吧，可是，偏偏我们的目光就在那刻相遇了。

忽然，你的眼中闪烁出了亮晶晶的光芒。

那光芒，异常中似乎又有点炫目呢。

但是，我喜欢，我喜欢那种异常又炫目的光芒。

从那刻起，我感觉生活多了层意义。

谁的少年，
会没有叛逆

每天，我都会早早地醒来，然后在每天睁开眼的时候，就把目光转向你。

大概半年多了吧，我已经习惯了在每天睁开眼睛的时候，就把目光投向你。

而你，似乎也是在期盼着我的目光。因为，从你的眼睛中，我看到了点点的温柔，泛着迷醉和欢喜的点点温柔。

每天，我们都互相用目光传递着什么，是一种情感吧，一种神秘而又高尚的情感吧，我想。

可是，我们始终都没有说过一句话，更没有近距离地接触过。

而即使这样，我依然懂得你的心思，和我的一样，满是喜欢和欣喜。

在我心里，始终有一个梦，要和你依靠在一起，哪怕仅仅只是一次，也足矣。

但是，虽然我们是在同一个花园里的花瓣，要实现这个愿望，也始终很难。

后来，我便不再这么幻想。我想，到我生命的最后一息，只要每天仍然能够好好地看你，多多地看你，也就心满意足了。

秋来了，天气忽地转凉了。

一个深夜，突然刮起了大风，而后，又是一场淅沥的小雨。

小雨淅沥着，伴着大风，让我感到了从未有过的寒冷。

我不禁打起了哆嗦。

这时候，我看到了你，你仍然微笑着，似乎在对我温存地说："不冷，不怕，有我陪着呢。"

是啊，有你的陪伴，我顿觉温暖。

忽然，又一阵风吹了过来，我在哆嗦中被风儿卷了起来，然后，就是没有方向没有尽头地零落。

在被风卷走的一瞬间，我有点想要落泪。

我不知道，为什么上天非要这样对我？我不愿意，真的不愿意离开你。就算心底的那个要和你依靠在一起的梦永远都不能实现，我也愿意，只要

第一辑
心生美丽

不再无奈地离开你。

　　恍惚间，我的身体落在了一块椭圆形的石头上。

　　好像，我的命运并不像我所想象的那样糟糕。

　　我还算轻盈地落下的那一刻，奇迹出现了。

　　我有些惊愕，我几乎不敢相信。

　　我看到了你。

　　你在风中曼舞，然后悄然落到了我的身边，也落到了这块椭圆形的石头上。

　　你的身体在落下来的时候，还在空中画了个好看的圆弧，那么好看的一个圆弧。

　　我喜欢这样的造型，很优雅亦很浪漫。

　　我们，从此，就这样接近了。

　　不再羡慕他人。

　　真的。

　　就这样靠近你，这一生，我，知足了。

谁的少年，
会没有叛逆

哪怕变成完全的雪人

一

听《牵手》，
一遍，两遍，三遍……
很感动。
感动于那真挚的歌词；
感动于歌者的真情。
生命，赋予我们只有一次。
所以悲伤着你的悲伤，幸福着你的幸福。
因为路过你的路，因为苦着你的苦，所以快乐着你的快乐。
也许牵了你的手，今生不一定好走。
因为爱你，才愈加地懂你和疼你。
所以才更加珍惜你！
很感动……
在听到这些话儿的时候。
想一想，生命是那么短暂，而我们的相遇和牵手，又是多么不易。

第一辑
心生美丽

听着，听着，双眼便变得模糊起来。

与你牵手，与你相伴，真的是一件很幸福很幸福的事情。

二

下雪了，北国的冬天很美丽。

窗外的世界，全部银装素裹了。

站在窗前，看纷纷扬扬的雪，自由自在地飘洒。

想起了你的身影。

这样的雪天，你是怎样深一脚浅一脚地行走的呢？脚底下必定很滑很滑吧？

这样的冬天，怕冷的我躲在温暖的屋里享受着好听的音乐和好看的文字。可你依然行走在厚实又光滑的雪地里。

很为你担心，担心你会一不小心跌倒，会摔得很痛很痛。

三

站在窗前看雪，天已经快要黑了，惦记起你还有你冷瑟的情愫，于是，便不再犹豫地裹了棉衣，下楼。

踩着咯吱咯吱的积雪，站在路边——等你。

一辆辆车缓慢地走过，却都没有停顿；又有一辆辆车缓慢地停下，走下车的人却不是你。

不知道过了多久，只觉得双足已经有了很麻木的感觉，我这才想起，天已经很黑很黑了。

正准备返回，我看见了一对老人，相互搀扶着，很艰难地行走在雪中。

他们穿着厚厚的棉衣，戴着厚厚的帽子和围巾，相互也许只能看见彼此的眼睛，却用戴了手套的手儿互相搀扶，互相支撑。在白皑皑的雪中，他们的身影显得分外耀眼，虽然已是天黑时分。

谁的少年，
会没有叛逆

  这样一对相扶着走过的老人，真的就让我感动了，也让我打消了回家的念头。

  站在雪中，我要等待，等待那熟悉的身影出现，哪怕变成完全的雪人。

第一辑 心生美丽

最美的爱情是细水长流

早春,是午后的一点时光,和同室的丹出门,我们散步经过一条宽阔的大道。

大道的中间是比较宽阔的绿化带,而人行道旁,亦是分外整齐的绿化带。有修剪整齐的类似冬青之类的小树,叶儿很晶亮地闪着绿光。偶尔,我们会看到几朵早开的花朵,叫不上名字,只是孤单而寂寥地绽开着。

在一处铁栅栏前,我们驻足了。因为,我忽然看到了一朵朵黄色的蜡梅。很芬芳,亦很纯净。我贪婪地嗅,是浓郁的香,这香,会让我想到许多,有点像多年前使用过的雪花膏的浓郁香味……我对丹说。是呀,是呀,是有儿时涂抹的雪花膏的味道哩……

站在黄色的蜡梅前,我们久久不舍得离去。

那些绽开的蜡梅,从某个角度看,竟像极了一种手工制作的假花,是轻薄莹亮的黄色塑料纸,在巧手女人的欢喜中,精密细致地一点点缠啊绕啊裁啊,然后才终于成就了这样一朵朵亮黄的花儿,在早春,在许多花都还没有睡醒之前,早早地裹了浓郁的馨香,羞涩而曼妙着飘过来……

我和丹都是喜花之人。于是,便决意每人轻折一小枝梅来。只一人一小枝。虽然在折之前,还在犹豫,自己这样做好不好,该不该,但很快便确定还是要折。轻轻又仔细去折的时候,心也是小心翼翼的,生怕会损伤

谁的少年，
会没有叛逆

到这美丽的花。

折花的动作亦做得飞快，因为毕竟不够光彩，毕竟我也没做过诸如此类的事情。散步返回时，我们都为自己手中捏着的一小枝蜡梅而欣喜。

回来后，我给空空的玻璃瓶中加满自来水，然后，将刚刚折到的小枝蜡梅插进玻璃瓶中；再坐到电脑前办公，就嗅到了阵阵芳香。那芳香确是阵阵的，袅然着，环绕着，在我们周身，也在我们心间。

丹的小枝蜡梅是有几朵苞蕾的。我本以为离开蜡梅树后，这些极小的苞蕾不一定可以绽放。谁知，第二日，那几朵幼小的苞蕾却绽出了笑颜。花朵开得极精致，也极美丽。那是它喜欢她可爱漂亮的女主人，所以，要以自己的美好和馨香来努力回报……我笑着，对同样欣喜感动的丹说。

我看到我折来的小枝蜡梅，却已经几乎快要败去。花朵是蔫萎而倦怠的，像一个透支过度的女子，正疲惫不堪地喘息休憩，自然，这时候的她，已经香气微弱了。

偶尔休憩，我抬头，看到桌前这枝近乎枯萎的蜡梅，便会心酸。

她让我想起许多。似乎是女子盛放之后的忽然凋零，也许还满身疮痍，伤痕累累，花香自然是没有了，而那些早先一直让人万分迷恋的精气神也消失殆尽。是不是有妖气的女子可以经久不衰，一如既往地让人迷醉？是不是世间所有的美好都会繁华落尽？是不是越是美好的事物便越是容易极早凋零？是不是那些可以恒久可以长存的永远都是事物内在又不肯轻易泄露，内敛而又矜持的气质？是一份极少数极稀有的内在的美丽……

我还在迷惑的时候，就又嗅到了芬芳，我知道，那是来自丹的玻璃瓶中的那枝极小的蜡梅苞蕾所弥散而出的。

不要在乎那些表面的美丽。一份持久的美丽，是内敛而矜持的。不一定要表露无遗，也不一定要大肆宣扬，真正的美丽是沉静而安分的。就像人间最美好的爱情，永远不会只是一时的冲动和激情，而是会随了时间的流逝，慢慢地积淀，直到最后细水长流、相互疼惜……

第二辑

素年锦时

谁的少年，
会没有叛逆

夏　雨

周六了，一周的时间就这么匆忙地溜走了，无论我心里如何不情愿它走掉。

天气炎热，三十六摄氏度，尤其是中午，太阳烤得人心烦意乱。

想着昨天的天气，昨天是极度闷热的一天，仿佛蒸笼一样，天气很阴沉，甚至没有一丝风。下午四五点的时候，竟然下起了一场雨。

我感觉这雨不怎么像夏天的雨。在我的印象里，似乎夏天的雨在落地之前总会打起或大或小的雷，可是，昨天的雨出现前，天空却是异常安静的。

终于下雨了，很多人都这样说。

今晚，终于可以睡一个好觉了，很多人也这么说。

我笑了，站在办公室的窗户前，看着那盼望已久的夏雨悄悄地笑。

我是喜欢雨的。

记忆中第一次有雨，就是在夏天。那时候，母亲正带着我们姐妹三人收麦子，可雨突然降临了，也是没有雷鸣，甚至连一点点乌云都没有看到。当雨突然间降落的时候，母亲顾不得手中正在收割的麦子，急急地抱起我和哥哥往地头的大树下躲，稍大点的姐姐则跟在母亲屁股后面狠狠地跑……当年记忆中的第一次雨，淋湿了母亲和姐姐的衣服，也潮湿了我和哥哥的心……打那以后，我便开始莫名地喜欢雨。

读小学时，总有同学因我的名字叫"红雨"而感到疑惑。我却极为得意，常常在心里想，也许是母亲喜欢雨，才给我取了这么一个好听的名字。

直到后来，父亲从遥远的地方回来，我才终于知道了这名字的真正来历。"红雨随心翻作浪，青山着意化为桥"，原来，我的名字是源于毛主席的诗词啊！

我们上中学的时候，孟庭苇的歌正流行，在校园的广播里，总能听到孟庭苇那略带忧伤的声音。而我，那时候，也喜欢这个台湾的女孩子，喜欢她的声音，清纯中藏着浅浅的忧伤。

有一次，同班的一个男生，突然问我"你是孟庭苇歌里的红雨吗"这样突兀的问题，我忽然间怔住了。

这之后，我就更喜欢听孟庭苇唱《红雨》，甚至超过了听她的《你看你看月亮的脸》；但是，那些时候，我的性格中却生出了淡淡的忧郁。

参加工作后，我拿出自己第一个月的薪水买回了孟庭苇的带子，一遍又一遍地听，然后，就落泪和忧伤。

说不清自己当时的心态，就是许多年之后的今天，我仍然奇怪自己当时的心态。

还记得一个夏日的午后，我在孟庭苇的歌声中睡着了。醒来的时候，窗外滴答着雨滴，那雨滴，声声清脆入耳，而当我站在窗前看到已经潮湿了的地面时，心里突然就想起了母亲带着我们姐妹三人收麦子遭遇夏雨的凄惨情景……

那次的雨，使得母亲大病一场，更使得幼小的我稚嫩的内心多了一种脆弱——喜欢看雨，也喜欢在雨中忧郁。

昨天的雨持续了很长时间，这使得下班路上，车辆出现了长时间的拥堵，我自然也不例外地被堵塞在车流中。

耳畔，又传来了孟庭苇那熟悉的歌声——

轻描淡写我的回忆

像是一场下过的雨

依然留在枕边是我的泪

惊醒沉睡中的梦

忧伤沾满我的眼……

雪的记忆

盼啊盼的，雪终于来了，只不过，只是一点点而已。

昨天如此，今天亦如此，甚至很多人都还没看清楚它的模样，它就消散掉了。

虽然我比较烦恼冬季，但是，冬天的雪花，我还是蛮喜欢的。

很多时候，看到被雪花覆盖的白茫茫大地，我就会想起小学时候的那位数学老师。

那时候，大概是小学五年级吧，学校刚来了一位数学老师，并且被安排为我们五年级一班的教课老师。

我记得最清楚的是那个冬天，天空中飞舞着雪花，而正在上数学课的我们，都很好奇地想看看那飘舞的雪花，这时候，年轻的数学老师没有批评我们，而是让我们到窗户前看雪。再后来，他把剩余的后半节课用来教我们唱歌，唱一首来自台湾的校园歌曲，我已经记不得歌曲的名字了，只是记得其中的某几句歌词：洁白的雪花飞满天……留下脚印一串串……

那节数学课，我们的兴致都很高。说实话，很少有这样的老师，可以让同学们在上课的时候去看雪，然后再教他们唱歌，并且这些都和他所教的课程没有丝毫关系。

记得后来，大概是我们读初一的时候吧，这位数学老师由于所带的班

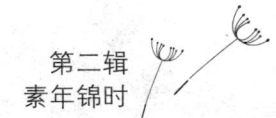

级成绩排名全年级倒数第一而被调离了那所学校。后来的情况怎样,我们都不知道了。

偶尔,在冬天的雪中,我的记忆中会忽然闪现出那位数学老师的模样,好像不怎么清晰的模样。而这位老师姓什么,我反复地去想,都没有想起来。

人就是这样吧,年幼的时候并不懂得去铭记一些东西,重要的或者看似不重要的。而那些时候,也根本不懂得"感恩"两字的内涵。

时光就这么悄悄地溜走了,直到某天不经意间记忆的某些碎片忽然闪过眼前,把心灵划伤,才会恍然明白一些道理。

岁月还在继续着它的蹉跎,所不同的却是,在往后的日子里,我们学会了珍惜许多,包括友情、亲情以及师生情,更明白了人应该时刻都心存感激。

始终拥有一颗感恩的心,你会觉得世界是那么美妙。

谁的少年，
会没有叛逆

素年锦时

　　素年，于我，亦是有阳光、有音乐、有咖啡、有快乐的，只不过，那样属于素年之中的阳光、音乐、咖啡和快乐，有些素淡的模样罢了。

　　于是，我常想，是不是因为这些光阴的素淡，所以，那些属于我的素年便也愈加素淡起来了？

　　但其实，我并不会因为这样分外素淡而讨厌这些时光，只是在过去的那些素淡的时光中，我还并不知晓。其实，人生之中的那些素年，也许才是最好的一段光阴吧。

　　锦时，于我，是分外短暂的。

　　犹记得，在那样的午后，是秋，天空无限晴朗。当然，那样的晴朗，亦是分外高远、分外辽阔的。而我的一颗少女心呀，便也在那样的晴朗、高远和辽阔中，变得聒噪起来。

　　下午，本是有课的。可是，就因为自己并不喜欢那两节课，也并不甘心于只让那颗少女的心一再地兀自聒噪，我便出发了。

　　——那样的出发，是带着逃避意味的。当然，这逃避的意味也因了当时年轻聒噪的少女之心而显得激越和动荡起来，甚至，是有着一些不安和刺激的。

　　那天，我叫了同寝室的帆一起出行。一路骑着单车，一路欢唱着我们

那个年代流行的歌曲，齐秦的或者苏芮的。其实我们也并不懂得齐秦和苏芮于情感之中的疼痛和忧郁，只是喜欢和眷恋着，一遍遍地唱着。虽然已经走调，但是我们仍旧欢喜和感动着。

在那个午后的秋日里，我和帆一直将车子骑得老远老远。

穿过一片玉米地，也穿过一片美丽盛放的向日葵，后来，便是一片不浓亦不密的小树林。树林里有非常散漫的野花，不知名，却分外执着和自恋地开着。因是前一天才落了一场秋雨，所以，那并不算大的小树林里竟然也长了地软——深绿又灰黑的颜色，非常薄亦非常软的一层，就那样覆盖于小树林的落叶之上。帆大概是第一次见到真正的地软，兴奋地雀跃起来。当我告诉她，我们常吃的地软包子就是用它们加工而成时，她愈加欢快起来。我想，即使时光再前进半个世纪，我也依然可以清晰地记得帆当时欢快激动的模样。我们当时弯腰去捡拾了一些地软，本是打算捡拾一些拿回家给母亲蒸包子的，后来，却忽然想到，倘若母亲问到这些地软的来历，那么，我们又该如何回答……我们只好放弃了将捡拾到的地软带回家的欲念。

我们也自然记得在那个小树林的南边，是条清澈的小河。河水并不深，最多才能没过我们的膝盖。而在那个秋日的午后，我和帆竟然都下了河。帆告诉我，她喜欢在小河里玩耍。她说这句话的时候，就已经用双手拍打起了朵朵洁白的浪花。而那些不断前涌的河水呀，并不安分地从她身边穿过——即使被她的双手不断地拍打出一朵又一朵的白色浪花来，那河水呀，也依然不肯懈怠地流呀流。那天，因为快乐，我竟然还异想天开地在小河中洗了头发。当我把长长的乌发放入流动的河水中时，我仿佛感觉自己那刻就是这个世间最最幸福的女子了。不是吗？你瞧，有这么美丽、这么纯净、这么欢快的河水肯以它婉转的歌喉为我唱一首首歌，而它也那么心甘情愿地为我洗濯着我的一头长长且乌黑浓密的秀发。

我和帆那天一直玩到天色近黑，才恋恋不舍地骑车返回。转身告别小河和小树林的时候，我们是那么难过，甚至还流下了即使考试不及格也不

谁的少年，
会没有叛逆

会落下的眼泪。

我们以为返回学校必定会遭到老师的打骂。班主任尚老师在看到逃课晚归的我们时，不但没有打骂我们，还亲手为我们盛了一碗黄灿灿的小米粥，还有她亲手炒的麻婆豆腐，她还端出了一小碟咸菜来。记得我和帆最初不敢吃那豆腐，也不敢喝那粥。可是，尚老师无比温存、无比可亲地说："吃吧，也好好地喝粥，知道你们肯定饿了，也累了。吃好喝好，好去休息……"

或许，每个人的一生中，都会有最难忘、最美好的事情发生，也或者这样美好、难忘的事情是发生在她的学生时代，更或者是她生命之中的其他时段——而我和帆生命之中最美好、最难忘的事情，却发生在那一天。

我和帆吃饱喝足之后，便和尚老师说了再见。在我和帆一路走回寝室之时，我们还在窃窃私语——也许，明天，她会叫来我们的爸爸妈妈。也许，明天我们会被打骂的。

可是，始终，我们都没有遭到父母的打骂。

那次逃课事件就好像从来没有发生过一样。

只是在学期结束的时候，尚老师叫我和帆去了她的办公室。我仍旧清晰地记得她慈爱和蔼地对我们说："你们会渐渐长大懂事的，再别逃课出去玩了。虽然，我也理解你们处在这个年龄段，是极难抵御外界的一些诱惑的，但是，你们必得学会抵御那些诱惑，走好你们的人生之路……"

在我和帆大学毕业之后的某天，我们再次说到尚老师，便决定结伴回小镇去看望她。谁知，我们回去看到的，却是尚老师躺在荒野之中的一块墓碑。

尚老师走了，她是患病离开这个世界的，是胃癌，病因是她多年不好的饮食习惯。当然，后来我们才知道，她之所以会患上胃癌，完全是因为她多年都在支持帮助一名孤儿，使他不至于辍学。

后来，这个孤儿以非常优异的成绩考入复旦大学。

燕子归来的春天里，我约帆在清明那天一起去看望尚老师。

在电话中，帆情不自禁地哭泣起来，她声音哽咽着说："如果，每个

第二辑
素年锦时

人的生命之中都有非常明晰的素年锦时的话，那么，有尚老师在身边的那些时光，当是我们生命中的锦时了。"

"当然，当然是呀！"

我在电话中，这样肯定地说。

温热的泪水，亦在那刻，兀自漫溢出眼眶。

谁的少年，
会没有叛逆

清　欢

十月的午后，我想起一个美人来。

长长的发辫，总会编成麻花的模样，然后，搭在胸前，一个或者两个。也时常，会喜欢出去散步。

那时候，大约是五年前吧，我和她总会在午饭后出去散步。

许是出于对自尊的维护吧，没有她漂亮的我，在她第一次邀请我一起去散步的时候，竟拒绝得非常坚决。以为她会泄气，会不再邀请我，然而，她仍旧坚持，并且连续六天都邀请我——走吧，出去走走吧！

她这么说的时候，眼中满是真诚的温情。而她的声音，也是非常好听的，温软而轻柔，好似秋阳中的一朵美丽亦无限娇艳的花儿，在你看到的时候，总会感觉温暖和惬意。

就这样，在她第六天邀请我的时候，我终于冲着微笑的她点了头。

出去走走，确是分外美好的。

天空蔚蓝而深远，是秋呀。所以，天空会异常高远。云朵洁白且轻柔，细细看时，它们总是轻飘飘地舞动着。

在一朵清雅素净的白色花儿前，我们站定。

走吧，她说。

可是，我并不想走，因为这朵花儿非常美丽，就像漂亮雅静的你一样……

  我这么说的时候，她有些不好意思地笑了。

  可不是吗？眼前的她给人的感觉就是这样的，清雅而素净，是完全的美好和舒适。

  那天以后，在她一直都在公司的那段日子，我们总会相约在每天的午后出去散步。

  许多花儿谢落，又盛放了。许多草色由枯黄转为新绿。天空也渐次清亮蔚蓝起来。

  可是，有一天，她说："奶奶病了，我必须要回老家了。"

  送别的时候，正是北方一年中最冷的季节。漫天的雪花飞舞着，在呼啸的北风中，她和我做了最后的拥抱。在那个时刻，我感觉自己有些想要落泪。可是，看到她依然微笑着，很从容很坦然的样子，我便硬是将欲到眼眶的泪给忍了回去。

  在雪中，她愈加美好起来。一袭宝蓝色的长款羽绒衣将肤色净白的她衬得愈加灵动，而那些不断飞舞的雪花，则是盛放在她身边的圣洁花儿，一朵朵，一朵朵，安静而悠然着飘落。在等车的那近乎半小时里，我疼惜地将自己的帽子和围巾卸下来给她，但是，她笑着拒绝了。不冷，真的不冷呢。她笑呵呵地说，声音依旧那样温柔动听，笑容也依旧那样甜美可人。

  于是，在她登上列车的时候，她便成了那天那个北方车站中最美丽的人！白白的雪花将她的乌发莹润得亮晶晶的，即使天色已经接近暗淡，但，她的那丝丝缕缕闪着莹润亮光的黑发，也依然是我眼中最美丽的风景，在那个漫天飞雪的寒冷冬天。

  我以为一切的美好还在后面，以为这次分别还会有更美好的相聚。

  可是，一切都成了永远。

  所有的，关于我和她的美好，所有的，关乎她的美丽，便在那次告别之后幻化成了疼痛、苦涩亦永久的记忆。

  是在半年后的一天，我听到她"离开"的消息的。

谁的少年，
会没有叛逆

那是个雨天，亦有冷风呼啦啦地吹着。她去银行取钱，要给医院里等待手术的外婆缴费。可是，就在她走出银行不久，就被一把冰冷的匕首戳穿了后心。那是一个丧心病狂的家伙，为了还赌债而不择手段地抢劫，而她，亦成为那个无耻歹毒凶残杀戮的又一个遇害者。

听说，她倒下去的时候，殷红的鲜血染红了她纯白的毛衣，而她手中的那把满含浪漫色彩的紫色花伞，则在风雨中飘飞而去……

这是她的一个表妹告诉我的，关于她的死讯。

这个表妹是在整理她遗物的时候，发现了她的那个粉红色日记本的。而翻开的几页中，竟记录着她与我一起散步，一起欢笑，甚至于最后别离的许多场景。

——所以，我才找到了你。好姐姐，我想，唯有你才是她短暂生命中最要好最贴心的朋友。所以，我要代她感谢你。谢谢你给了她生命中一段最美好的时光！……

她的表妹说到最后的时候，也如我一样难以自已地流下了悲伤的眼泪。

从未想过，有天，平凡而淡然的自己，竟然能让一个"逝者"记录进自己的日记本中。而一想起那段美好难忘的日子，竟也满是自责。早知如此，我真的就不会一次次地拒绝她了，也会愈加珍惜我们一起相处的那段时光。

人生中，许多美好还在的时候，或许我们都不曾感知，也并不懂得珍惜。而一旦那些美好忽然走掉，我们才终于明了——生命中的每一段光阴其实都是分外美妙的。即使凄风冷雨，即使酷暑难耐，即使坎坎坷坷，即使艰难跋涉……纵使属于我们的每一段路都布满荆棘或者冰冷孤绝，也可能，在我们的身边，会有着某些无限美好的景致。又或者，你的一次虽不尽甜美的笑容呀，都有可能会温暖一个人的心房。人与人之间，永远都不该互相漠视或者疏远，哪怕今生的交往清淡如水，亦是非常难能可贵的。

有谁能预知未来？

没有，没有谁。

所以，我们要把握好生命中的每一段历程，让生命中的每一朵花都尽情盛放，亦充满温情，给予他人更多的温暖和快慰，才是人生感觉幸福快乐的事情。

十月的阳光很美，一切都依然清淡悠远。

在午后的温暖阳光下，我独自漫步于曾经和她一起走过的路段，亦再次看到了那朵美丽、清雅、素净的白色花儿。

再次站定，我的眼前，是无限美好的花儿和她无比美丽的模样。

十月，清欢。

我喜欢，我亦怀念。

清欢，即是她的名字。

——一个我总会在十月的午后，想起的一个美人。长长的发辫，总会编成麻花的模样，然后，搭在胸前，一根或者两根。也时常，会喜欢出去散步……

可是，她已经离我远去。

谁的少年，
会没有叛逆

父 亲

父亲与我曾经有过一段隔阂。

若是说起来这段隔阂，我也不能怨父亲。

然而，在我人生的有段时间里，我仍旧还在埋怨着父亲。

听母亲说，父亲在我满月前回家来看了我几眼，然后，就匆匆忙忙地去了陕南。

那时候，父亲在陕南一个小城教书。

出身于书香门第也家境殷实的父亲，在几岁时因二爷的姨太太不会生育而被过继给了二爷。谁也没有想到的是，从此，父亲的命运发生了转变。

二爷家是地主成分，父亲过继过去果真过上了更加优渥的生活。然而，那样优渥的生活也只是很短暂的十几年而已。

母亲一直珍藏在身边的一本旧相册中，就有着父亲童年、少年、青年时期的几张照片。其中一张十一二岁的照片，正是父亲在二爷家生活时拍下来的。照片上的父亲，穿着好像"末代皇帝"童年时期所穿的锦缎袍子，头戴一顶圆形的软缎帽，而身旁的红木桌子上，则是一台形如喇叭花的留声机。虽然流光逝去，但是仍旧能够从那张照片上看出当年二爷家的阔绰。

父亲在做了二爷的"孩子"之后，就被送进了省城最好的学校读书，后来，父亲考入陕西师范大学中文系。谁都以为，父亲从此以后，会过上更美好更顺意的生活。然而，命运总是会在某些时候做些令人难以预料的改变。

大学时期的父亲，英俊潇洒，也富有朝气。我在母亲所珍藏的那张父亲大学时期的照片上，看到了年轻时候的父亲。那是父亲所在的大学篮球队队员的合影。父亲蹲在第一排的最中间，他的怀里，正抱着一只篮球。笑容轻漾在他年轻英俊的面庞上，黑发梳成形如郭富城的三七开分头。

也许，那才是父亲一生中最为风光也英俊惬意的时候吧？

后来，我常常这样想。但是每每这样想的时候，眼泪亦是会不自觉地漫出眼眶。

大学毕业，父亲听从组织安排，去了陕南的小城中学，从此，开始了他中学语文教师的职业生涯。

听母亲说，都是因为父亲太老实胆小，才会乖乖地服从组织的安排去了陕南的小城当教师。而父亲大学的不少同学，并没有服从组织的安排，但他们后来的命运都很好。他们大都留在了省城，职业不是报刊编辑就是大学老师。当然，后来的他们，也有很多人升职为报刊总编、副总编或者大学教授、副教授……而唯有父亲，老实胆小、按部就班的父亲，他的命运，从此才充满了坎坷和落魄。

父亲在陕南小城那所中学的任教时间大约持续了十年吧。

那期间，父亲因为路途遥远、交通不便而很少回家。

一个人在遥远偏僻的陕南小城，热爱生活、善良乐观的父亲却并未感觉到怅惘和寂寞。心地善良的父亲拥有一颗慈爱悲悯的心。在陕南小城教书的那约莫十年中，他帮助过不少人。学校的老师家中有困难了，父亲便解囊相助。寒冷的冬天，学生的手脚冻伤了，父亲便买回药膏、棉手套、棉窝窝……父亲除了给需要帮助的师生以金钱和物质上的帮助之外，还给予他们精神上的支持和帮助。这个习惯，父亲坚持了一辈子。

父亲一生喜欢阅读，也买了一辈子的书籍。

家中现有的六个大书柜，并不能够装下父亲所有的书籍。而数不胜数

的优秀图书,父亲都分外慷慨地送给了喜欢读书的人。

我常想,只要父亲送出去的书籍,能够带给那些需要的人更多的快乐、学养和幸福,就很好,很好了。我们做子女的,应该感到由衷的欣慰和自豪才是!

父亲和母亲的结合,虽是媒妁之言,但也有着几许天意的注定吧?

母亲后来对我讲起她和父亲的婚姻,仍旧会强调一句话,那就是——"我是第一眼看到你爸爸的时候,就已经在心里喜欢上了他。我也在心里想:他就是我这辈子想要嫁的男人!"

母亲所说的第一眼看到父亲是指,父亲在大学毕业前曾在杏园村(外祖父家所在的村子)做过为期一周的实习老师。

母亲后来还常说,那时候你们的爸爸可真是英气逼人呀!他不仅长得英俊帅气、一表人才,更拥有同龄男子所没有的儒雅气质!

那该是怎样的一种气质呢?迷人……散发着书香和墨香?但也应该有着父亲本性之中的一些东西吧?

母亲说,那时候恰好听到了父亲的课。父亲实习时刚好被安排到了母亲所在的班级,教授国文。

"你爸爸的声音也特别好听,是非常吸引人的磁性男音……"母亲说这些话的时候,我看到了她眼中流动的深情和眷恋,那些深情和眷恋,似湖水中忽然荡漾开来的涟漪般,很快,便将母亲的眼泪,漫溢了出来。

我最近一次听母亲回忆父亲年轻时的岁月,是在去年秋天。

那天,我开车带着母亲去了公园。在秋阳中,在一派花海中,我坐在公园的长椅上听母亲讲述着那段旧事,轮椅中的母亲,时而幸福愉悦、满足惬意,时而又泪水涟涟、伤心叹息……

仿佛真是命中注定,母亲经媒妁之言所嫁给的那个男子,真真就是给她讲过国文课的"父亲",那个她一直就在心中暗恋,英俊帅气、一表人才、气质儒雅的男子!

而庆幸的是,父亲对母亲也是一见钟情。

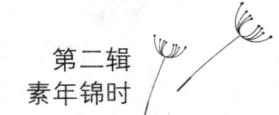

在母亲的回忆里,她和父亲刚一结婚,父亲便离开了家,去往陕南小城的中学。

然而,这一别,母亲的命运也开始发生了转变。

当家的姨太太,终于在父亲离家之后,露出了她十分"凶恶"的面目。她先是让人搬走了父母婚房中的所有家具和用品,然后,便将母亲赶出了家门……

年轻美丽却柔弱的母亲,哪里经过这样的事情呢?在她的心中,婚后的生活,该是何等风光和幸福呀!然而,她并没有成为二爷家一身贵气的少奶奶,只是成了一个再贫穷、普通落魄也不过的,可怜且瘦弱的小妇人。

不过,于母亲来说,她所想要的生活也只是能够和相爱的那个人,相守到老。至于荣华富贵,她并未曾动过心。

母亲一个人,坐在寒冬的北风中哭泣,也一边呼喊着父亲的名字。但是,怎奈父亲与她相隔千里,又怎么能够听得到呢?

后来,附近的村子有人终于看不下去了,悄悄地将这个消息带给了外祖父和外祖母。外祖母听了,眼泪流得像是断了线的珠子……她麻利地收拾了行李,又给母亲带上了几身衣服,迈开小脚就要去看望自己才"出门(出嫁)"不久的闺女。

外祖父走上前去,拦住了已然迈出院门的外祖母。

"还是我带上几个人去吧!……"

外祖父撂下几句话后,就带了几个人出发了。

外祖父再见到自己闺女的时候,也流出了悲伤的眼泪。都说男儿有泪不轻弹,然而,即便是男儿,也有情难自禁的时候吧?

"我那可怜的闺女蜷缩成一团,瘦得都快皮包骨头了……寒风中,只穿着单衣单裤,就靠在村子中一户人家一间厦子房的一面墙壁上……可怜的她,真的饿晕也吓坏了,我叫了几声,白娃(母亲的乳名,因为母亲打小就肤色白净而得了这个乳名)——白娃——,她都好像没有听到一样……"

谁的少年，
会没有叛逆

  这是在后来的某天，母亲对我描述的，外祖父在见到她后回家对外祖母所说的一段话。

  外祖父流着眼泪，将母亲背到了村子的西南角，那里正有空出的一片土地。

  外祖父和一起去的那几个人，用从树林中砍下的木头，为母亲搭建了一个"温暖"的小木屋。

  外祖父临走的时候，一再对两个邻居说："拜托你们照顾好我的闺女！"并将二十几块用粗布包裹的银圆塞给了那两个邻居。

  母亲独自住在由外祖父搭建的小木屋中的时光，渐渐地温暖也幸福起来了。因为，父亲在看到母亲写给自己的第一封信之后，就急匆匆地赶回了家。

  父亲拥抱着眼前的妻子，我的母亲，他的"新娘"！然而，她已然没有大喜之日那般娇嫩白皙了。寒风吹得她的面庞有了皲裂的口子，甚至，原先白皙娇嫩的脸蛋也已经有了寒风残留的痕迹……那些纤细的，微红的小血丝呀，就是凛冽寒风留在母亲面颊上的痕迹。

  从当家的姨太太将自己的"儿媳"赶出家门这一事件来看，父母已经没有可能再走入那个家门了。

  做过十几年富家少爷的父亲，因为有过中学、大学寄宿于学校的经历，其实早就已经能够脱离那个大地主的家庭了。

  所以，父亲并没有因为母亲被姨太太赶出家门而觉得天塌了下来。相反，他表现得分外坚强，也更为乐观。

  后来，姨太太奇迹般地生下了一个男孩子。而后来的后来，这个所谓的大地主的家庭，随着世道的变化，而变得渐次衰落，再衰落。

  父亲婚后第一次返家，虽然经受了不小的打击，但是，那之后的一段时光也是父亲和母亲生命中最为快乐幸福的时光。

  在母亲的回忆中，父亲不仅儒雅，而且脾气温和、修养极好，也非常能吃苦。就在距离小木屋不远的地方，父亲和母亲一起开垦出几片土地，种上了粮食和蔬菜，甚至还有红薯、土豆、向日葵和花生。

春天快要到来的时候，父亲再次离开母亲，去了陕南小城的那所中学。

是分别，也是下一场的相聚。

有悲伤，也有幸福。

是眷念牵挂，也是深情祝福。

早春时节，正在田里劳作的母亲，突然被胃里翻江倒海的剧烈呕吐吓住了。

自己这是怎么了？

后来，邻居王婶告诉母亲——你大概是"有喜"了吧？

母亲终于不再担心了，她的心情快乐得像是翩跹飞舞的美丽蝴蝶。昏黄的油灯下，母亲摊开几页白纸，蘸上墨汁，以分外清秀的蝇头小楷，给父亲写下了报喜的信！

1965年，大我六岁的姐姐出生了。

一辈子都忠诚于共产党的父亲，也像很多中国人一样，年轻的韶华中，唯有我们伟大的领袖毛主席才是他心目中唯一的偶像。

也于是，姐姐、哥哥和我的名字都源自毛泽东诗词。

"斑竹一枝千滴泪，红霞万朵百重衣。"后来，我才知道，原来姐姐的名字"红霞"正是源自毛泽东的《七律·答友人》一诗。

姐姐的出生带给了父亲和母亲从未有过的欢乐和幸福。虽然，他们仍旧还得分隔两地，但是，毕竟，生活中，生命中有了一个聪明可爱的小宝贝！

1966年5月，"文革"开始了。

而父亲，亦是没能逃脱这场磨难。即便，即便他是在距离省城很遥远的陕南小城……

"你爸爸被骂作'臭老九'，被拉上街游行，被许多人用烂菜叶子、土疙瘩抛掷……那些年，你爸爸吃的苦头可要比我多得多啊！"

母亲这样说着的时候，神情中全是对父亲的怜惜和疼爱，以及对自己无能为力的那份自责。

谁的少年，会没有叛逆

在一年四季的不断轮回中，在岁月流光的不断飞逝中，姐姐已经将近三岁。而彼时，父亲和母亲也即将迎来他们的又一个爱情结晶。

"是个男孩！"

当负责接生的女医生告诉母亲是个男孩的时候，产床上的母亲激动地流下了眼泪。

产房外一直在焦急更耐心等待的父亲，在听到哥哥呱呱坠地的音讯后，更是流下了激动的眼泪。

那是1968年的深秋，秋日的清晨笼罩在一层薄雾之中。秋凉中，已经有一缕晨曦照耀过来。

产床上的母亲，虽然也平安，但是十分虚弱消瘦。她那双大大的眼睛，已然深陷下去。刚刚生完宝宝（我的哥哥）的她，用分外虚弱的声音对父亲说着："把宝贝抱过来，我想好好看他几眼……"

那个后来被父亲起名叫作"朝晖"的新生儿，有着一双大大的眼睛，他的眉毛亦是"浓黑"的，虽然还是新生儿，却也已经能够看出他眉毛的"浓黑"了。他的发约莫一寸长，柔软而光亮，似绸缎，轻轻摸上去，是滑溜溜的感觉。国字形的小脸儿呈现出微微淡粉的色泽……一缕秋天的晨曦穿过产房的窗户照射过来，恰好就照到了这个叫作"朝晖"的新生儿的身体上。

他，就是我的哥哥！

"我欲因之梦寥廓，芙蓉国里尽朝晖。"

哥哥的名字——"朝晖"，亦是源自毛泽东的诗词《七律·答友人》。

而我的名字则源自毛泽东的《七律二首·送瘟神》中的"红雨随心翻作浪，青山着意化为桥"。

在很多年后的某天，姐姐、哥哥还有我，在提起我们各自名字的来历之时，也仍旧会感动和感恩。我们感动于父母的学养及信仰，亦感恩于父母为我们取下的非常好听且寓意深刻的名字！

又一个小生命的降生，为父亲和母亲带来了欢乐和幸福。然而，在那些欢乐和幸福之外，还会有更多的风雨和坎坷，需要父亲和母亲一起度过。

还会有更多的责任和压力,需要父亲和母亲共同承担。

然而,任何时候,每个做父母的,都不会去抱怨什么,特别是在自己的小宝贝来到这个尘世的时候。

母亲后来还对我讲述过她独自一人,牵着姐姐的小手,身后还背着幼小的哥哥,翻山越岭,去遥远的陕南小城中学,只为一家人,能够在一起度过一个快乐幸福的团圆年的经历。

"山上有饿狼出没。我一个人,手里拉着你的姐姐,背上背的是你的哥哥。山路蜿蜒崎岖,更可怕的是,果真,有饿狼突然出现……"

胆小的我,那时候,并没有再敢听母亲讲述那段她一人怎样躲过了饿狼,又是怎样艰难跋涉,走出了那段山路的……

"在陕南小城的中学,看到你爸爸的时候,他还在昏暗的煤油灯下写教案……他所住的小房间,大约只有十平方米,除了一张单人床、一张桌椅之外,就都是书籍了。当然,还有你爸爸的手稿。你爸爸那时候已经有许多作品发表在报刊了。房门外,是支起的一个很小的煤油炉子,它可以为你爸爸煮熟一碗饭菜……"

母亲说到这段的时候,声音有些哽咽,而我,亦是听得泪眼婆娑。

也许,人生中的快乐幸福时光,总是分外短暂也迅疾的吧?

就在我出生后大约一个月的时候,父亲就被红卫兵带走了。

听母亲说,父亲除了被迫害、被殴打之外,还被关进了牢狱,这一关,就是八年。

也所以,我记忆中第一次见到父亲,是在我八岁那年!

"八岁那年,我终于见到了自己的父亲,那是我记忆中第一次看到自己的父亲。离家多年的父亲一放下行李就将我高高抱起,他的已经长长的胡茬儿扎痛了我的脸,我对他那么陌生,虽然他一声声地唤着'小雨',可我仍旧不愿叫他一声'爸爸'。我将小脸倔强地扭到一边,然后一边用稚嫩的声音大喊:'放我下来……'一边用柔弱的手臂拍打他那已然疲累的肩头……

谁的少年，会没有叛逆

"那时的我是不懂得父亲的伤心的。或者，那时的父亲是不会和我这个不得不被他冷落八年的小丫头计较什么的。虽然在他回家的一周内，我都始终没叫他'爸爸'，可他依然那么疼我，宠我，每天都将我抱在他温暖宽厚的怀中，给我讲外面的世界，教我背唐诗、画画，甚至会在黑黑的夜晚，在他已经困倦瞌睡的夜晚，还耐心地为我讲许多故事——从《西游记》到《水浒传》，从《三国演义》到《红楼梦》，再到后来的《封神榜》《七侠五义》……可以说，中国的四大名著就是那时候通过父亲的讲述走进我心中的。在我读小学四年级的时候，我迷上了《聊斋志异》，总是喜欢一个人静静地细读那些'鬼狐'的故事，而我后来才知道，其实，自己最大的喜好——阅读和写作，都和父亲的教导分不开。"

这是我在散文《纸飞机》中所记录的一段真实经历。

也许，正是因为我与父亲相隔有大约八年无法相见的时光吧，才导致了后来有段时间，我同他的隔阂。

或者说，这样的隔阂，其实于父亲是没有的。他只是自责、歉疚而更用力地爱着我。而我单方面地在心中竖起了一道屏障，那道屏障就是我与父亲的隔阂。

在我完全懂事也了解了父亲的时候，我只是在心里自责，自责不该那样"怨恨"父亲！

那些我们父女俩相隔开来的八年宝贵时光，自是无法再寻到。唯有，唯有在之后的岁月中，好好珍惜了！

牢狱中的父亲吃尽了苦头，也受尽了欺凌。然而，他并不抱怨，只是一味地，也默默地承受着命运赐予他的一切。

在狱中，父亲仍旧没有放弃学习。他一边学着木匠手艺，一边学着电工技能，还一边写下了许多文章。

"人的一生，必定会遭受一些坎坷和磨难，没有经受过锤炼的人生，并不一定就是完美无憾的人生……"这是父亲后来常常对我们说起的一句话。

我们也从父亲的这句话中，深切地感受到了父亲那颗平静淡漠，却也豁达包容的心。他热爱生活、感恩生命，亦不会在任何坎坷与磨难中放弃自己，更磨灭心中的理想。

父亲并未认定那场长达八年的牢狱之灾是场完全的灾祸。他以分外乐观的精神和非常豁达的心境面对那场长达八年的牢狱经历。

在父亲后来所写的《回忆录》中，我看到了这样的一段话："老子曰，祸兮福之所倚，福兮祸之所伏。我在牢狱中的八年，看似一场巨大的灾难，然而，倘或细细去想，也并不见得就完全是场巨大的灾祸……在狱中的八年，我学会了做木匠活，学会了电工手艺，学会了与众多狱友友好相处，也改掉了自己年少时期所养成的'少爷'脾性，除此之外，我还写了不少东西。另外，这漫长的狱中八年，也给我了许多人生启示，使我更加懂得了'人生'的真谛。

"在狱中的那些个夜晚，我也常常思索我的人生，惦念我的妻儿。这辈子，我亏欠妻儿太多太多……

"出狱回家后的几年，我心态平和，知足常乐，也乐于助人。村里的电路出现了故障，大家都会在第一时间来找我。而那一刻，于我，则是莫大的欢喜和激励，因为，这是大家对我的信任和认可。所以，我会无怨无悔也面带微笑地去检修电路……

"刘婶家的门坏了，我听说后，第一时间去给他们修理……正是那八年的狱中生活，使我掌握了极好的木匠手艺。我修理之后的木门，他们全家十分满意。

"出狱之后大约一年时间，组织上也并没有给我重新安排工作，虽然我也不止一次地找过上级领导，向他们反映我的情况，但是乃旧很久都没有消息。我在等待中，有时也会产生消极的想法，然而，很快，我就重新振作起来了。因为，我又一次想起了那段长达八年的牢狱生活，而这大约一年的等待，和那场长达八年的牢狱生活相比，又何足挂齿？……"

父亲的《回忆录》已经写了十几万字，但他却说，还没有写完呢。

谁的少年，
会没有叛逆

在去年的春节，我坐在父亲的书房中，静静地读着他已经写好的《回忆录》的前半部分，而读到这一段的时候，不禁再次泪流满面。

窗外不时有烟花盛放开来，它们以十分迅疾璀璨的姿态灿然绽放，又以更加迅疾的速度悄然消散……那些烟花，它们非常美好绚丽的样子，以及它们的倏然消散，总会让我想起人生的许多。

人生岂不正是这样？

多少青春年少，锦瑟年华的美好，也是匆匆间就迅疾消失。或者多年后的某天，在我们已然老去的时候，我们再次想起……写满沧桑的面庞上，会有十分咸涩的泪滴。那泪滴，在滑入唇角的时候，我们也是感到了它的冰凉和咸涩。

烟花那么凉，而那样的凉，也让我们感到了人生的许多凄楚和悲戚……

1980年底，我记得，那是一个漫天飞雪的寒冷冬日，父亲终于等到了一份通知。

那是一份告知他去偏僻小镇一所中学教书的通知。

虽然那个小镇距离我们的家很远很远，但是，父亲仍旧激动地笑了起来。

他笑着对我们说："过完春节，我就可以到学校上课啦！"

然而，瞬间，他就又流下了眼泪。

记忆中，仿佛那年的春节，过得非常快。

刚刚吃过年夜饭，刚刚吃过父亲母亲为我们包的饺子，刚刚穿上过年的新衣新裤……父亲，就必须得要和我们告别了！

而那时，我已然"爱上"了自己的爸爸。而之前阻在我心间的那道与父亲的隔阂，也早已消失不见。

我又怎能舍得父亲离开呢？我哭着抱住父亲的右腿，喊着："爸爸，爸爸，你别走！别走别走啊——"

父亲弯下腰身，轻轻地将我抱起，然后，我的小脸便又一次感受到了胡茬儿的扎痛。只不过，这次的胡茬儿的扎痛，很轻微，并不如父亲出狱

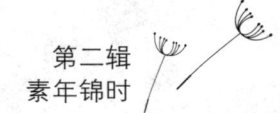

回到家时他的胡茬给我的扎痛那样剧烈。

虽然我哭得很伤心,虽然姐姐、哥哥,甚至连母亲也都流下了不舍的眼泪,但是,但是父亲,我们此生最爱的、亲爱的父亲,他还是必须要离开我们了!

这是父亲生命中的又一次——离开。

父亲再次任教的那所中学,坐落在北方的一个小镇上。

学校很大,有偌大的操场,操场上有两架铁锁链做成的秋千,也有篮球场、单双杠、乒乓球台案,以及一个用水泥砌成的露天小舞台。

走进学校的大门,首先映入眼帘的是一个圆形的花坛,花坛里常年栽植的是一串红、月季、大丽花和夹竹桃。在圆形花坛的后面是五层高的,看起来分外雄伟的教学楼。而教学楼的两旁则是排列得十分整齐的教室和学生宿舍。那些教室和学生宿舍之间,植有一棵又一棵的海棠。在春季和秋季,海棠树开出红艳艳的花来,那些盛放到极致的海棠花花姿潇洒,亦花开似锦。于是,校园便被涂上了些许点点的艳红,亦有海棠花的清香,袅绕氤氲……

后来,我读到宋代王淇在《春暮游小园》中"一从梅粉褪残妆,涂抹新红上海棠。开到荼蘼花事了,丝丝天棘出莓墙"的这几句,以及我最喜欢的宋代李清照在《如梦令》中的"昨夜雨疏风骤,浓睡不消残酒。试问卷帘人,却道海棠依旧。知否?知否?应是绿肥红瘦"时,也仍旧会想起那个北方小镇的中学,以及那些植在整齐的教室和学生宿舍之间的一棵又一棵的海棠,想起它们在春天和秋天那几乎能压倒牡丹和梅花的鲜艳娇媚模样……

学校教导处安排给父亲的宿舍是一进校门西侧的那座两层的教师宿舍楼的二楼最西侧。父亲在这所小镇中学任教的生涯中,就一直都住在那里。

那时候还没有手机,父亲与我们的联系也只能是通过书信了。

父亲写来的第一封信,是母亲念给我们听的,父亲在信中说:"这所中学很大,并且环境不错,有海棠树、一串红、月季、大丽花和夹竹桃。

分给我的宿舍也很好，有十五六平方米，而且光线很好，有两个窗户。我支了一张单人床后，还空出很大的空间。学校还给我分了一张书桌和一把椅子，我又买了一个书柜回来……我很好，你们都放心吧，孩子们要听妈妈的话啊！珍儿（父亲对母亲的昵称）你也要好好保重自己的身体！……"

母亲在读完那封信后，擦拭了眼角的泪水，然后紧紧地抱着我们，说："咱们立即回封信吧！"

于是，我们都围坐在母亲的身旁，在房间昏暗的灯光下，看着母亲分外仔细认真地给父亲写回信。

1981年春节，父亲首先将姐姐带去了那个小镇的中学。

父亲在春节前几天回家的时候，骑着一辆崭新的飞鸽牌加重二八自行车。那是父亲在近乎一年的时间里，用他积攒下来的微薄薪水和稿费买下的。

这是我们家的第一辆自行车。

父亲在回家后，曾用它载着我、哥哥和姐姐在村子边的小路上疾驰，也把一串串的欢歌笑语飞洒而出。

甚至，父亲还在春节的时候，用这辆崭新的飞鸽牌自行车载着母亲，去了一趟距离村子几里地的公社，并为我和姐姐买回了鲜艳的方头巾，也为哥哥买回了一顶镶嵌有红色五角星的军绿帽子。

那个春节，是我年少光阴中最幸福快乐美好的记忆。

也是在春节即将结束的时候，父亲用这辆崭新的飞鸽自行车，载着姐姐去了那个遥远的北方小镇中学。

姐姐到学校就读后，曾写过两封信给我们，说那个小镇很古老，说中学校园很美丽，又说过不了多久，父亲会接我们都过去的……

于是，从那天起，我和哥哥的心中，就有了一个十分美好的愿望，那就是，有一天，我们一家人又会团聚，就在那个小镇，而且，不再分离。

后来我想，其实，那时候我们亲爱的母亲的心中，也一定有着这样一个美好的愿望。也所以，我和哥哥总能看到母亲面庞上越来越多的笑容。

一年后，我们全家在那个北方小镇的中学团聚了。

父亲接了母亲、哥哥和我过去，学校也给父亲分了三间宿舍和一间厨房。至此，我们一家人终于再次团圆。

也是一家人再次团聚之后，我和母亲、哥哥才知道了父亲已经连续两年被评为"省级优秀教师"。并且，他在担任班主任的同时，还担任了高中组的语文教学组组长。

父亲变得更加忙碌起来。每天夜晚，他都睡得很晚，因为要备课、批改作业、修改作文、看书，还要写文章。

也是从那年夏季开始，父亲在此后的教师职业生涯中每年都会被陕西省教育厅特定为"高考作文阅卷老师"。

一切看似渐渐好了起来，然而，几年后的一天，父亲却突然病了。

父亲的病越来越严重，后来，竟然连拿起筷子、钢笔甚至粉笔都有困难。他的双手不停地颤抖，并且，那样的颤抖也越来越严重……

教育局领导多次向省里反映父亲的病情，终于得到了重视。

1988年秋天，省里下发调令，将父亲调到市地方志编撰委员会工作。

我们在得到消息后，都打心底里高兴，然而，父亲并不快乐。他沉默良久，甚至，连晚饭也没吃，就躺在床上歇息了。

我们都知道，父亲是舍不得教师岗位，舍不得离开学校。父亲放不下那些孩子，父亲真是放不下那些孩子呀！

然而，人生总会有分离，也总会有舍弃，尽管许多时候，我们并不情愿。

父亲终于依依不舍地离开了那所小镇中学，来到了古城。母亲、姐姐、哥哥和我，也一并跟随父亲来到了古城。

从此，我们的生活，便在古城，翻开了崭新的一页。

每天，父亲一早就出门，他的身体已经不能再骑自行车了。于是，每天，他都会早早出门，赶第一班公交车去上班。由于单位距离家较远，所以中午饭只能吃外卖。每天傍晚，工作了一天的父亲，才能拖着疲惫的身子回到家。

谁的少年，
会没有叛逆

或许，父亲一生的职业都应该是教师。他那么热爱教育事业，也那么喜欢孩子们！

然而，由于身体的缘故，他又不得不离开三尺讲台，做起地方史的编撰工作。自从退出教师队伍后，父亲似乎没有以前快乐了。

常常地，我会看到他沉默地站在书房的书柜前，凝视着那几张自己和同学们的合影。

作为子女，我们在看到的时候，也总会感觉无限感伤。然而，我们又不能流露出来，不能被父亲觉察……

退休后的父亲，给自己报了老年大学摄影班和油画班。

喜欢古诗词的父亲，还在博客中开设了一个"诗词天地"栏目，而里面的诗词以及诗词知识，都是他一个人写下的。

老年的父亲沉醉在艺术殿堂中，做着这个时代的"快乐老人"！

2015年6月，父亲编撰的《中华诗词曲对仗大辞典》由陕西出版集团正式出版发行。

前段时间去大学看望女儿，在她的学生公寓里，我看到了她用钢笔写下的"学到老活到老"几个字。她把这几个字张贴在自己的书桌前。

看到我在细看那几个字，女儿笑着说："这是我外公喜欢的一句话，外公总是用这句话来鞭策自己，不断学习……作为年轻一代的我，也应该向外公学习！我会以外公为榜样，也会努力学习，不断进步，将来为祖国做出更大的贡献，更为实现我们的中国梦而不懈努力！"

女儿写下的这几个字，女儿所说的这段话，再次让我想起了我那亲爱的父亲。

轻轻浅浅的流光中，与父亲的"隔阂"早已消失殆尽。彼时，于我来说，只是乞求上苍能够赐予我更多的时间，好让我多些时间陪伴父母，更孝敬父母！

亲爱的父母亲啊，感谢你们给了我生命。如果有来生，我还会选择做你们的女儿！

　　这一生，我与父亲虽然有过八年的分离，也曾有过一段时间的"隔阂"，然而，我仍旧还要感激上苍，赐予我这样优秀的父母。

　　父亲的一生，坎坷而艰辛，然而，他总是能够乐观面对。父亲的学养、慈爱、悲悯，以及他的坚强和勤学，永远值得我们晚辈学习和传承。

　　这篇文章，在我心中已经很久很久了，而我始终都没有将它写出来。冬天快要到来的时候，我终于静静地坐了下来，我要写出自己亲爱的父亲。

　　父亲说："我的《回忆录》就快写完了。这本《回忆录》是我留给你们的珍贵遗产，希望你们能够认真阅读也珍存下来……"

　　而我在心中有了一个想法，那就是，父亲《回忆录》中的一部分文字，我将会与我的文字一并交付出版。

　　我想，我总该给世间留下些什么吧？那么，不如，不如留下父亲一生中最为感人的经历，以及他的精神。

　　世界或许仍旧纷纭喧嚣。每个人的生命其实都并不那么漫长，在我们有限的生命里，唯有让我们的精神宽度和深度做了拓展和加深，或许生命才更具意义。

谁的少年，会没有叛逆

重拾一些记忆

中学时期，我喜欢一个人独处。

常常会在春天秋天的清晨，或者是黄昏时分，一个人去学校的大操场上散步。

那时候，就一个人，并不想被人打扰。

偌大的一个操场，在最西边的一个角落里，散布着一些单双杠，甚至还有一个高高的早已生了锈的铁锁链做成的秋千。

很多时候，那个生了锈的秋千就成了我独自一人摇晃孤寂的道具。

那时候，那个操场总是疯长着许多野草，尽是些不知名的野草。

我很喜欢黄昏时分的操场。

好看的或者并不很耀眼的阳光散落在操场上，那些不住疯长的野草在清风和夕阳中愈发显得舒适而随性。

偶尔，我会带上一本或是几本喜欢的书籍，然后随意地坐在阳光最好的那片野草上，低头看书。

书中的文字，清清淡淡地落入我的心坎，而那些调皮的小蚂蚁们，竟然会在一些时候，悄悄地爬上我的身体，腿上、胳膊上，更或者是肩膀上。我承认那时候的自己是有些残忍的，那些悄然地爬上我身体任何部位的小蚂蚁，一旦被我发现，就必死无疑。

第二辑
素年锦时

我在读书的时候，是不想被打扰的，而这些小蚂蚁，那些时候，总因为不适时地爬上我的身体，而成了被我残杀的对象。

我先是将它们从我身上捉下来，然后再将它们放置在地面上，再然后，我会和它们玩一小会儿，而后，我会用脚丫子去踩踏它们，直到它们被我无情地踩死。

眼睛累了的时候，我会轻轻地抬头，然后看看天空，看不远处的游云或者彩霞。

当那些书被我看厌了的时候，我就会丢下它们，跑到秋千身边，轻巧地攀上秋千，然后，开始轻轻地晃悠。

锈迹斑斑的秋千是我那时候最好的伙伴，我总是喜欢轻轻地荡漾着它。

荡秋千的时候，脑袋里面的遐想也总会是千奇百怪的，甚至那些遐想也会随了秋千的高低跌宕而起伏不定。

今夜，我看到了这张美丽的图片。上面的小女孩也是坐在夕阳的野草中，专心地看书，她的头发被温柔的风儿轻轻地拂起，那感觉，真的像极了我中学时候坐在操场疯长的野草中看书的模样。

于是，我便越发地喜欢起了图片中的这个小女孩和这张图中的野草。

很多年过去了，我知道，那年被我坐在屁股下面疯长的野草肯定早就已经没有了踪影，而那条总是长满了锈痕的铁锁链做成的秋千肯定也早就被拆除了。还有那些被我丢在操场中的记忆，那些美好的遐想啊，它们也早就失散掉了。

在时光的流逝中，我愿意重新拾回一些记忆——关于中学时期的那个操场，以及操场上疯长着的野草、小小的调皮的蚂蚁、长满了锈痕的铁锁链做成的秋千，还有在我抬头的时候，总能看到的那片天空，上面浮游着好看却不一定洁白的云彩。

谁的少年，
会没有叛逆

独自漂泊

　　一个微雨之后的秋凉早晨，就在我独自一人漫步于城市洁净秀丽的公园时，眼帘中忽然映现的一幕，使我久违的漂泊记忆再次复苏。

　　那个秋凉的早晨，一个背着背囊的年轻女子，倏然间闯入我的视线。她漫步于公园，脚步不紧不慢，悠闲得恰似公园中散步的人儿。然而，她后背上背负的背囊，却显得极其沉重。这份沉重，看起来，怎么都不能够与她的悠闲漫步相协调。

　　也于是，我被她吸引。

　　而后，就在她兀自停住脚步，欣赏一处美景的时候，我走上前，同她进行了简单也短暂的交流。

　　"是来这座城市旅行的吗？"

　　"是呀是呀！呃，这座城市很美丽，我很喜欢。"她笑着回答我。

　　"以后，我还会再来游玩的……我是东北人。我想，我回到东北，也会对我的朋友说起这儿的无限美好……"她微笑着，继续说道。

　　这座城市，美丽富饶、古老宁静，我与它和谐相处了几十年，自然也热爱。然而，有什么能够比得上，比得上于一座城市的喜欢和热爱，恰巧就被你听到了，而赞美这座城市的那个人，却是遥远的异乡人。

　　其时的我，骄傲、自豪，更感动不已。

心中澎湃的激情，是对这座城市的无比热忱。

后来，我请那位年轻女子在公园的咖啡店里喝了杯拿铁，又聊了一会儿，她便背上背囊，挥手对我说了再见。

她离去的身影，在公园秋凉的薄暮里，显出些许的寂寥。

当她的身影，一点点、一点点地渐次消失在我的视线里时，我竟然发觉，发觉自己的眼眶，不知何时，已然潮湿。

也有一些往事袭上心头。

那是二十几年前的秋天。

傍晚时分，小镇四处笼罩着一层秋凉的薄暮。

我独自一人，在小镇的火车站等待火车，是南下的火车。我独自一人，选择在那个秋季，独自漂泊。

那时候的我，还不满十七周岁。

对于我的那次独自漂泊，母亲起初并不同意。而父亲是支持我的。

我永远都记得父亲那晚对母亲和我所说的那番话。

"孩子渐渐长大了。她需要接触，甚至面对世界了。我们应该让她出去看一看的……唯有走出家门，才能够感悟生活和人世间的许多。早早体悟生命的个中滋味，也是好事儿。"母亲在听完父亲的这番话后，仍旧悄然地抹着眼泪。

书房的灯光，那刻显得极其晕黄也温存。我默默坐在母亲的身旁，也听到了母亲的轻声啜泣。在后来的时光中，母亲的啜泣声，渐渐地平息。

"孩子，你渐渐长大，需要了解世界和人生。所以，爸爸支持你独自出门。这次你去南方，是一次难得的锻炼。出门，你会体悟到许多。这是你生命中第一次独自旅行，也是一场属于你自己的独自漂泊……"父亲的这番话，久久地回荡在我的耳畔。以至于在二十几年后的那个秋天早晨，在我忽然看到一个身背行囊的异乡女子，独自漫步于城市的公园时，仍旧好像听到了父亲的声音。

我喜欢父亲送给我的那番话。

谁的少年，
会没有叛逆

特别是最后的那句——这是你生命中第一次独自旅行，也是一场属于你自己的独自漂泊……

父亲的这句话，说得多好多实在啊！

的确，一切的独自旅行、独自漂泊所遭遇的艰险和磨难，以及苦楚和恐惧，于我来说，大约都是十分难得的人生历练。

在小镇火车站独自等待南下列车的时间，显得漫长也无聊。

我放下拎在手中的行李，低头踢起一块小石子。

一块椭圆形的、白色、精灵般洁净的小石子，就那样，被我一脚踢出了几米远。

那块椭圆形、白色、精灵般洁净的小石子，最终滚进了铁轨之中。

那刻，就在石子被我踢出去的瞬间，我感到了从未有过的轻松，仿佛是一种沉重的枷锁，或是一种羁绊，在倏然间，被打开，更释然。

陈旧也略微凋敝的绿皮火车，吐着滚滚浓烟，拖着长长的笛音靠站。

我跟在十几个小镇乘客身后上了车。

找到十号车厢二十一座的时候，那里正坐着一位面容憔悴的老人，她头发花白，言语迟缓，看起来，似乎真是有些木讷也恍惚的。

出于一颗包容也善良的心，我并没有开口赶走她。

我只是，静静地站在她身旁的过道里。

火车行进的夜晚，一路灯火明明灭灭。我并无睡意，只是把眼睛睁大，一直看向车窗外。

远处的田野，漆黑而隐没。偶尔呈现出来的一点样貌，也是被路旁偶有的路灯所照。城市的高楼，闪烁有星星点点的灯光……这些景致，都是后来我坐下来后，才清楚看到的景象。

没有多少思念在心中。

从未独自离家的我，之前，一直会想象在某天若是独自离开了家庭，会是怎样孤独和伤楚，会想念父母，会把自己难过的眼泪洒满年轻的面庞。

然而，那次独自乘火车南下的一路上，我并没有想念我的父母。也似乎，

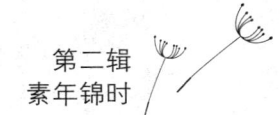

没有多少伤楚涌上心头。

火车抵达南方城市的时候,是第二天的傍晚。

人生地不熟的我,向火车站广场的一个中年男子打听附近的旅馆。

"我带你去吧!"他并未作答,而是突然这样说道。

"好吧。谢谢你!"就在我说出这句话的时候,却忽然看到了他眼睛中闪过的几丝阴险与狡黠。

于是,我在慌乱中迅疾地逃离。

南方城市夜晚火车站的人群中,在我逃离的时候,回头仍旧能够看到那个陌生中年男子的追赶。

那刻,心是慌乱的,更是恐惧的。

后来,我跑进了候车大厅,才算是安全地度过了那个可怖的异乡夜晚。

在那个南方城市逗留的几天里,我并没有去参观什么名胜古迹。我只是将自己装作那个城市的一分子,满是骄傲和自豪地溜达,更漫无目的地行走。

我的伪装的"本地人",以及我的伪装的骄傲和自豪,其实,只是一种自欺欺人罢了。

最担心的事情终于发生了。

就在我独自溜达在一条繁华街市的时候,不知何时,我仅有的二百多块钱都被偷走……

发现它们不翼而飞的时候,已是临近傍晚的时分。

恐惧苦楚、委屈难过伴随着饥肠辘辘的肚子,一起折磨起仍旧年少的我。

后来,我终于鼓起勇气,寻到了一位警察。

当他听说我被偷得身无分文,又是来自遥远异乡的女孩时,将我领到了他们的值班室。

之后的事情,就是顺利的、安全的、正常的发展了。

那位好心的民警,为我买下了回家的火车票,并将我送上了回家的

谁的少年，
会没有叛逆

列车。

火车开动的时候，我从车窗里看到了冲我挥手的他。

他的嘴巴一张一合的，是在说着什么吧？

然而，我却一句都听不见。

我冲他挥手的时候，火车已然开始了它的疾驰。

所有的一切，都在我的眼中变得模糊不堪。

在返回的列车上，我自然也想到了自己的许多。比如，自己的任性、狂傲、不羁甚至过分的叛逆。

"你以为自己已经长大了吗？你以为你可以脱离家庭，做想做的一些事情，并且能够将它们做得很好很好吗？……有一天，你终会发现，其实，你仍旧是个小孩！"

回家后的那个夜晚，我在日记本上，写下了这句话。

这句话，以及，父亲当年在我独自一人旅行，更独自一人漂泊时候所说的那番话，都成为一种经典。

它们是我人生的宝贵财富，当然，也包括那次南方之旅，确切地说，是场属于我自己的、独自的南方漂泊。

它们停留在我的记忆里，很深很深。

有天，或者是我也不知道的任何时候，它们就会被我想起。然后，内心涌动出难以言说的感慨和激动。

它们，更是祭奠。

于我的青春，以及，人生！

红色气球

七岁那年,姐姐买给我一只气球,红色的,用一条细细的棉线,轻轻地牵着。

当疼我的姐姐将它牵到我面前时,我在温暖和感动中笑了,也快乐极了。

那时候,家中尚穷,也在物资相对匮乏的年代。而我,偏又那样喜欢小物件,凡是女孩子们喜欢的物品,我也一样喜欢,也渴盼着。

而那年春节,和姐姐去舅舅家的路上,就看到了一个卖气球的小贩。彼时,他推着二八的黑色飞鸽自行车,脸颊已冻得通红,因为手中牵着的那些五彩气球而显得分外神气。

走近他时,我便停了下来,一直欢喜地看那些飘荡的气球。

姐姐唤我走,我却仍旧不肯走。而那个卖气球的商贩,则趁了这个时机,不停地高喊:"气球气球,快来买呀!"

他的叫卖无疑增强了我的购买欲望。于是,我对姐姐说,我想要气球。可是,姐姐却一再地催促:"快走,舅舅、舅妈都在等呢,去晚了不好……"

幼小的我,也自然知道,其实,是姐姐不舍得花钱买给我气球而已。

便也一路生气,我始终噘着小嘴。疼爱我的姐姐自然看出了我的不高兴。我仍记得她在冷瑟中伸出双手捧起我的小脸,笑着说:"嘴巴都能挂上油瓶了,再噘嘴,就不好看啦!"

谁的少年，
会没有叛逆

但，我那天一直都不怎么高兴，嘴巴也一直都噘着，虽然是去给舅舅拜年。

渐渐地，我竟然淡忘了那天要买气球的事情。

后来的一天，大约是在我进入一年级的某个秋日午后，放学回家的我，眼前忽然一亮：似有欢喜幸福的云朵浮游过来，椭圆的，轻薄而灵动。

那是姐姐牵回家的气球。

——红色的，椭圆，美丽亦轻灵。

姐姐那天笑着对我说："刚才去镇上，看到有人卖气球，就买下一个给你！"

我并没有即刻去接姐姐买给我的气球，倒不是我还在生姐姐的气，而是，我忽然，心里一阵温暖和感动。

姐姐送我气球的时候，高中还未毕业，却因为家中经济拮据而辍学回家。而那只红色的轻灵又美丽的气球，则是她用外出打工挣来的零碎钱买给我的。

那个气球，在那个时候，大约也就几毛钱吧。

可是，我想，它的价值，并不能以金钱来衡量。

许多年后，我已经拥有更多的财富，但，那只红色的气球，仍会永远飘荡于心间——永远，不会消失。

第二辑
素年锦时

再见，时光

和时光说再见是多么不情愿的事啊。那么多美好的时光都要走了，而我不得不和它们说再见。

在匆匆流逝的光阴中，谁又能逃避掉这种告别的无奈呢？

没有谁。是的，没有谁。

在我们渐渐老去的时候，我们会愈加怀念那些曾经美丽的大好时光。

我们会坐在冬天温暖的阳光下回忆往事。我们会眺望窗外，寻觅那些并不熟悉的身影，聆听他们的笑声，我们期望从这些背影中，从这些笑声中找回自己已经告别了的时光——那些快乐的、难忘的、激情的岁月。

告别时光的时候，我们已经渐渐老去，我们始终都不肯相信这一现实，残酷得能够证明我们在逐渐老去的现实。可是，纵使我们不肯相信，我们依然分外无奈。

站在镜子前时，我们看到了自己额上的细纹，也看到了发间出现的白发。这些细细的皱纹，这些灰白的头发，不都在证明我们在渐老吗？

登山的时候，我们发觉很累，以前那么轻松就能攀达峰巅的山，现在却需要付出太多的时间和体力，并且，我们还需要间或休息，可还是会气喘吁吁。

熬了夜，我们会感觉第二天甚至第三天都很疲倦，整个人都没了精神。

谁的少年,会没有叛逆

想起以前,也是常常熬夜,常常缺少睡眠,可是,那个时候,我们并不感觉疲惫,因为我们的精力还充沛。

看到幼小的孩童,看到青春的学生,我们都会有些惆怅,有些感伤。

我们羡慕那些幼小的孩童,也羡慕那些青春的学生。我们更会联想到自己,在那些年代里,我们是什么模样。我们拥有的是缺少玩具的童年,而我们的青春期也是非常单调的,我们背着几乎统一的军用般的绿色书包,穿着姐姐、哥哥穿小了的也许还缀了补丁的衣服去学校。我们没有零用钱,我们没有双肩书包,更没有而今中学生拥有的手机……那时的我们,缺少许多许多。

人生一定会有缺憾,或许还会有许多缺憾。

在我们羡慕别人的时候,在我们感怀许多的时候,在我们眷恋逝去年华的时候,我们还应感谢时光,是那些逝去了的时光给了我们历练,也给了我们对生活的感悟。

当我们在时光中渐老,当我们又要告别另一段岁月,当我们将要走向人生的下一个阶段时,我们会微笑,一如看到了冬天里最温暖的阳光那样,说——再见,时光。

而说"再见,时光"的时候,相信我们已经不再感伤,已经将那些所谓的感伤化作了力量,把生命中剩余的时光好好地珍惜,好好地把握。

五月，花儿与母亲

五月刚到，我就看到了花开。

自然，心底会涌动无限的激越和欢快。

有谁知道我的这种激越和欢快呢？

它不同于其他花儿盛放时的那种心境，它饱含着更为深切亦眷恋的情愫。

怎么都不能忘却三年前的那个春日。

正在忙碌的我，忽然接到哥哥的电话。电话里，哥哥十分焦急地说："咱妈又摔倒了……"

只是这句话，就已然使我放下了工作，也使我泪流满面。

一路不停地超车，心儿急切地似要跳将出来一般。

见到母亲时，她正躺在床上，一声声地呻吟着，脸色苍白且微黄。

只简单和哥哥说了几句，我就决定将母亲送进省里最好的医院。至少，这家医院的骨科是一流的。

母亲右腿骨折了。

这是母亲第二次遭遇骨折，二十年前的春日，那第一次的骨折，也是右腿。

用轮椅推着母亲出入于病房，按照医生的叮嘱十分耐心地做着一项又

谁的少年，
会没有叛逆

一项的检查。手术定在了第三天中午。这个时间，已经是我们努力争取后的最好结果了。

春日的夜晚，我留在病房陪护母亲。疼痛反反复复，一刻也不间断地折磨着母亲。母亲微闭着眼睛，睡眠间间断断，突然被疼痛唤醒的她，总会露出几丝笑容。然而，彼时的我，内心却仿佛刀绞，多么想替母亲承担这些疼痛呀！

我知道，母亲在疼痛中的微笑，只是想要给我更多的慰藉。她不想我难过，更不想我为她而忧虑焦躁。

夜色浓郁了，母亲在疼痛中再次睡去，而我怎么都不能入睡，些许往事，纠纠葛葛亦缠缠绕绕。

二十年前的春日，母亲意外摔倒，便遭遇了她此生的第一次骨折。而那时，我并不在她的身边。两天后，从远方赶回的我，迅疾送母亲住院治疗。然而，或者是时间上的耽搁（骨折应在发生后的第一时间就完成手术），又或者是母亲情绪的巨大波动和悲痛，那次手术虽然还算成功，可是母亲的右腿再也不如先前那样灵便，再行走，就得依靠拐杖了。

也许天下的儿女，都是想要守护于父母的身边吧？就像那时的我，真是情愿放下一切要事，而一直一直都陪伴守护于母亲的身旁，给她温暖，更给她快乐和幸福。

然而，后来的我因为家庭、工作等事务不得不离开母亲。

从此，我与母亲便隔着几十里的路程，再也不能如先前那样，在每天下班回到家后，便看到母亲那熟悉的面容，以及和暖馨香的笑容。

母亲的手术做得很是成功。

手术期间的等待是令人揪心更焦躁不安的，来来回回地踱步、徘徊。手术室外面的长椅，始终都空着，谁也坐不下去。心思凌凌乱乱，也恨不能立马冲将进去，不再与母亲分离半步。

当手术室的门突然打开的时候，我们都疾步聚拢过去。护士手中的白色医用托盘中，放着一块骨头，依然沾满鲜血。她轻轻微笑着说："瞧，这就是换下来的折了的骨头……"

我的眼泪，再次迷蒙起双眼。我想象不出母亲的疼痛和感伤，却永远不会忘记母亲的坚强和从容。

母亲被推进手术室的时候，始终都微笑着。我跟在她身旁，一只手一直紧握着她的左手。母亲的左手显然在用力，她将我的那只手握得更紧更紧了。我知道，她是在以这种方式告诉我：放心吧，我没事儿的。

母亲被推出手术室的时候，身上插满了各种管子。鼻孔中插着的是输氧管，左手臂上插着的是输血管，右手背上插着的是消炎的输液管，甚至头上、背上也是插着几个我们所不知道的细小的管子。虽然被这些管子所牵绊纠葛，但是母亲仍旧平静恬然，面露微笑。

母亲的笑容，好似幼小的孩童般，有着某种憨然，但又充满了温暖，仿佛春日里最最和煦明媚的一抹阳光。只是，我们姐妹几人，却都不能自已地流下了眼泪。

几年后，或者数年后的某个时刻，如果，我再想起那一幕。那么我想，其时的眼泪中，是包含了我们太多情愫的。——母亲的坚强与乐观、母亲的善良与从容、母亲的隐忍与执着……

后来的陪护，于我来说，也只能是利用每天强行挤出的些许时间了。

那段日子，始终是奔波不息的。家—单位—医院，医院—单位—家。

我始终就这样来来回回地奔波，似永不知疲倦的陀螺，不肯停息。

一日，我匆匆赶到单位时，却看到了一派嫣然与美好。——一些花儿开了，灿灿的黄。花朵不大，却兀自散漫，亦执着强韧。

而彼时，我收回了一些伤悲，以及眼泪。

我不再难过，也不再哭泣。

也许，是因了眼前突然呈现而出的一派耀眼灿黄。它们，犹如你于人生低谷中偶遇的一种景象，忽然给你"山重水复疑无路，柳暗花明又一村"的感悟，亦怅惘，亦欣喜。

无论，前路多么坎坷迷茫，也无论，生命的路途上还会埋伏着怎样的

谁的少年，会没有叛逆

凶险艰难，也即使身旁仍旧荆棘丛生，苍茫无奈，我想，我始终都不会再陷入悲伤迷惘。

眼前的一些花儿，它们正在春日的阳光下灿烂地微笑。那微笑，如疼痛艰难中母亲的笑容那样，总能给我无尽的力量，以及，温暖和馨香，也总能照亮我前行的方向，使我努力成为一个坚强、自信、乐观，亦优雅从容的女子。

那年，清香的味道

那个夏天，我被姐姐和哥哥强迫着剪了原本已经长长的秀发。

是午饭后的时光。我正在写作业，哥哥忽然唤我，说："这么热的天，留什么长发啊，剪了算了。"

我摇头。

这时，姐姐走了过来，说："剪了吧，剪了凉快呢。"说完，她拉起我，又将我按在一个正方形的木凳上。

我有些委屈，也有些不情愿，可是容不得我说什么，大我六岁的姐姐和大我三岁的哥哥便分别拿了剪刀开始在我头上剪起了头发。

一缕、两缕……眼看着自己的秀发一缕缕地散落在脚下，我的眼泪不听话地滚出了眼眶。

约莫半小时后，姐姐拿来一面圆圆的镜子，说："小雨，你看看，我们剪得多好看啊。"

我照着镜子，镜子中的自己变了另外的模样。原本一股脑梳到脑后的秀发不见了，头顶是蓬松起来的碎发，有着明显的层次感，连原先斜斜的刘海也变成了整整齐齐的模样，薄薄的，轻轻的，也是略带层次的。镜子中的自己似乎并不怎么难看，刚刚还伤心落泪的模样，这会子在镜子中竟是有些俏皮、有些可爱的。

谁的少年，
会没有叛逆

我将镜子交回给姐姐，不说好看，也不说难看。

姐姐见我不搭话，便不再问我。但哥哥却问我："好看吗？"

这次，我依然没有作答，却习惯性地点了点头。

在他们将我的头发处理干净后，我独自去了卧室。我拉了薄的被单，将自己完全裹了起来，但依然不能掩盖内心的忧伤，我哭了，并且很伤心。

父亲不知是什么时候回来的。我只听见他在院中唤我："雨儿，雨儿，爸爸给你买了你最喜欢吃的葡萄，快快来吃啊……"

我没有去吃父亲买给我的葡萄，虽然我是那么那么喜欢吃葡萄。

我依然将自己裹在被单中哭泣。

父亲等了一阵，不见我出来，便走进卧室叫我。他很快发现我在裹着被单哭泣。

"是谁欺负雨儿了？"

我听到父亲在院中威严地问着。

姐姐和哥哥慢吞吞地走过来，低头承认是他们俩强行给我剪了头发。

"你们怎么能这样做呢？发型是由她自己来决定的，怎么能由你们来剪啊，真是胡闹……"

我听见父亲高涨又略微激动的声音，我知道父亲在那一刻很严厉也很生气。我忽然有些后悔，后悔自己不该裹在被单中哭泣，这样也连累了姐姐和哥哥。

那以后，我发现我还是蛮适合短发的，就像姐姐和哥哥当年强行为我剪的那种短发，很随意也很清爽。

三十三岁生日前夕，我特意剪了短发。我拿出一张当年的照片递给美发师："就给我剪成这个样子吧，我很喜欢。"

美发师的剪刀在我的发间飞舞穿梭，很敏捷也很轻盈，我看到镜子中的自己是微笑的，亦是快乐的，早已不见了当年哭泣着剪发时的俏皮可爱模样。

生日那天，我特意为自己拍了一组照片。姐姐和哥哥都在忙工作，不

能亲自过来为我祝福。我发了那组在生日当天拍摄的短发照片给他们,并附下了这段话——我收回我当年的不高兴和不配合,其实,你们那年为我剪的短发我很喜欢,它使我俏皮而活泼……为了纪念我们姐妹、兄妹的情谊,特拍摄这组照片发给你们,那些当年的痛,我们都忘了吧。此后的我们,都是快乐和友好的!

傍晚,我接到了姐姐和哥哥打来的电话,电话中听到他们都在甜甜地笑。那笑,是带了欢欣和真诚的,像极了许多年前他们的笑,我似乎还能嗅到一些当年淡淡的清香,那是云朵下面绽放的亮黄色向日葵的清雅幽香啊,它正渐次弥散过我的心头,使我愈加温暖、愈加幸福。

谁的少年，
会没有叛逆

我会听你话，一辈子

高一那年，我被你揪着耳朵，踏过初夏那滚滚的麦浪。

的确很痛，我哭着喊着——你能不能轻一点！

可是，你揪得更狠劲。那一刻，我有些怨恨你，不就是比我大几岁吗，不就是被我唤作哥哥吗，那又怎么样？……纵使这样，你也仍然不能这么过分。

一直都叛逆的我，那时候总是感觉自己已经长大，已经可以完全地离开你们。

在数次逃课之后，我似乎已无心再去读书。

而那时候，你正面临高考，学习紧张，压力也很大。可是，敏感的你还是不怎么放心我，总是会挤出时间来监督我。

说实话，我早已厌倦了你，还有你的那种对我束缚的喜好。

五月的麦子已经开始泛黄，有浅淡的麦香随风漫入鼻孔，你我却没有享受的心情。

我不要你管束，再这么过分，我们就断绝兄妹关系……

在通往校园的小径边，在满眼青黄的麦浪间，我疯狂地冲着你大喊。

你生气了。我看到你那原本充满爱护的眼睛变得猩红，我心里忽然一阵高兴。呵呵，终于我也可以使你生气，使你咆哮了，从小就管制我欺负我压迫我，这次我可是扬眉吐气了……

乘着你生气时些微的松懈，我终于挣脱了你的管制，我疯狂地跑了，穿过滚滚麦浪，越过条条小径。

我没有回头，一直奔跑着。

我听到了你的呼喊，但是我依然还是奔跑，是的，我要跑得远远的，我不要你管制我，永远都不要。

那天傍晚时分，我终于上了一列东去的火车。

在火车启动的时候，我的心里竟然没有一丝害怕或者懊悔，相反，是太多的兴奋和解脱。

或许是你太疼我，不想我们在失去父爱母爱后忧郁堕落或者自暴自弃，所以你一直都严格地看管我，爱护我。

可是，那时候，我真是烦透了你。耳边有列车驶过时发出的刺耳的鸣笛声，恍恍惚惚中，我睡着了。

一觉醒来已是暗夜，漆黑鬼魅得可怕的暗夜。

火车是停在某个小站吧，我迷迷糊糊就下了火车，记忆中好像是某个偏僻小镇。我感到了饥饿，还有忽然发狂的风带来的冷冽。

没有去处，我的大脑一片迷茫，将就躺在了候车室的长椅上。

昏昏沉沉、迷迷糊糊地睡去。

不知何时，我醒来了。身边却是几个陌生的男子，他们包围着我，冷笑着，面目有些狰狞。其中一个凑上来说，小妹，跟着我们走，保准你能吃好穿好。

周围好像没有人了。糟了，我肯定是遇到坏人了，他们会是人贩子，还是……

霎时，我的内心充满了恐惧和悔恨。我忽然非常非常地想念你——我的哥哥。

怎么办呢？我该怎样摆脱这些坏人呢？忽然，我听到了脚步声，黑暗中好像有个高大魁伟的身影朝这边走来。

哥——哥——我在这儿！我在这儿！我大喊着。

那几个人在回头看后，竟然撒腿就跑掉了。

黑暗中走近的并不是你，只是一个值班的工作人员，幸运的是他很照顾我，将我安置在他们的值班室里，让我踏实地睡个好觉，第二天再送我回家。

那夜，在值班室的那夜，我彻夜未眠。

我想念你——哥哥！

不知怎的，我忽然感觉你是这个世界上最好最好的哥哥了。我打心底里真的不再怨恨你讨厌你了，哥哥。倘若那刻你在，我肯定会与你和解，亲热而大声地唤你——哥哥、哥哥的。

第二天，那位值班的工作人员把我送上了回去的列车。

推开家门时，我看到了憔悴懊悔又自责的你。你正在伤心地抹泪，还一直神情恍惚地自言自语。我呆呆地静静地站在门口听你说话，你说："雨儿，都是哥哥不好，哥哥不该那么对待你，你快回来啊……"

哥——

我流着泪喊你，跑过去拥抱你。

我感到了肩头的那一片潮湿，是你哭了，是你的泪水打湿了我的肩膀。

哥，我不再怨你了。哥，从此我都不再怨你了。

的确，打那以后，我们兄妹俩再没吵过一句，你更没揪过我的耳朵，我们是天底下最好最亲的兄妹了。

明天，就是你四十岁生日了。

已经懂事，也已为人母的我，对着你所在的那座城市，高声呼喊——哥哥，我的好哥哥，我会听你话，一辈子！

第二辑
素年锦时

那些微凉的片段

有时候，会想起许多，童年的、少年的、青春的光阴。

那些光阴，带着无限的美好，穿越了或阴冷或明亮的时日，一一地将我裹挟，使我常常梦想可以回到以前的以前。

偶尔，我在梦里，会有甜美的微笑，那肯定是我梦到了童年的伙伴，或者童年的快乐。

偶尔，我在梦里，会有少年的烦恼，那肯定是我梦到了少年光阴中的忧郁事，或者少年时的虚伪和奢望。

偶尔，我在梦里，会有快乐的想象，那肯定是我梦到了青春的遐想，或者青春时候的同学甚或那青涩懵懂的爱情。

童年，我的童年，其实是缺少玩伴的。那时候，因为父亲常年在外工作，母亲又体弱多病，因而我并不能像其他小朋友那样有许多时间疯玩，更不如他们——享有太多的父母的溺爱，因而那时的我是有些卑微的，进而，会自卑，甚至很多时候，会没有勇气加入他们中间，去玩那些快乐的游戏。

还记得，有个女孩子，小名叫玉儿，比我大半岁，那时候她非常霸道，偶尔和他们一起玩时，她总会欺负我，说我是没有爸爸的"野孩子"，软弱的我那时只会哭泣，只会悲伤……

而那时候，我在内心是多么盼望父亲能够常在我的身边啊。

谁的少年，会没有叛逆

后来，有一次，父亲终于回来了，是在腊月的天气，非常寒冷。而我那时顾不得寒冷了，只是一直央求父亲，带我出去玩。父亲答应了。他似乎明白了我幼小而敏感的心事，他将我架在他的肩上，带我出门了。我要父亲带我在附近的小巷里转，随便地转，父亲很快乐，一路给我唱着歌儿，都是他们那个年代所流行的老的革命歌曲。而我，则在父亲的肩上幸福甜蜜地笑着，我要求父亲多转一会儿，因为我说我很喜欢被父亲这么"架着"。其实，喜欢这样只是一小部分，最重要的是我想要炫耀，给那些总是嘲笑我也欺负我的小玩伴们瞧——我是有父亲的，我并不是"野孩子"，我也拥有他们所拥有的快乐和溺爱，而且，我的父亲远比他们的父亲爱孩子要多得多。

少年时代，我渐渐变了，似乎有些忧郁，又有些羞涩。

那时的自己特别虚荣，常常会羡慕身边的同学，羡慕他们有漂亮的衣服，羡慕他们有自己的单车，羡慕他们可以背着色彩鲜亮的双肩书包去上学。

而那时候，我们的日子是非常拮据的。母亲因病早已退休在家，只有非常微薄的收入，而姐姐也待业在家，全家的开销只靠父亲那并不太多的工资和稿费。

母亲为了我们能够有好的身体，每周会为我们改善伙食。那时候，家里最常吃的是饺子，因为父亲最喜欢吃，也因为母亲觉得只有饺子才具有更丰富的营养，因此，她会将不同的馅都包在饺子里，然后幸福地看着我们狼吞虎咽地吃。

那年，大概是我刚升入中学的那年冬天吧，我不愿意穿棉衣，虽然母亲亲手为我缝制了桃红色底子，上面缀有白色花儿的大襟棉袄。母亲说，大襟的棉袄穿着才最暖和。可是，我还是不愿意穿上它，我宁愿自己冻着，也还是不愿意穿。天气已经渐渐转凉，可我还是穿着姐姐退下来的旧毛衣，罩了姐姐退下来的旧得已经褪色的外套去学校，母亲、父亲、姐姐还有哥哥都要我穿上棉衣，可是，我始终固执地坚持——不冷，真的不冷。我就

第二辑 素年锦时

是不愿意穿上棉袄。说不冷的时候，我的内心是凄凉的也是悲伤的。他们又怎么会了解我虚荣的内心呢。为什么不愿意穿棉衣，是我不冷吗？当然不是，我那时总是瑟缩着，微微蜷缩着身子去学校，我之所以说我不冷，其实只是为了想要一件羽绒衣，因为那年特流行又轻又薄的羽绒衣。记得有一次我和母亲提起，我说，妈妈，我想要一件羽绒衣呢。可是，母亲当即就回绝了我，她只说，乖啊，咱家没那么多闲钱，等以后有条件了妈妈一定买给你……

就那样，那个冬天，我宁愿把自己冻着。虽然非常寒冷了，我也还是不愿意穿上母亲亲手为我缝制的棉衣。我是在用对寒冷的隐忍来惩罚虚荣的自己，还是在用对寒冷的隐忍来控诉对父母的不满呢？我想，当时虚荣的我并没有意识到自己被虚荣心所左右的完全错误。

后来，我常常会想起那年冬天，想起那年冬天我的隐忍，以及那些寒冷日子里的悲戚，还有我在现在看来非常可笑的虚荣。我也常想，自己当初那样虚伪，那样一再地抗拒——始终不肯穿母亲亲手为我缝制的棉衣，而那时，却真的不曾想想父母的感受，想想他们的苦衷，或许，那时执拗而虚伪的自己，已经伤到了他们的心。

在青春时期，我们非常贪婪地看爱情小说。一本琼瑶的畅销小说被我们一帮女同学看到几乎烂掉，而当时电视正在热播的根据琼瑶言情小说改编的电视剧，更是惹得我们这帮青春期的女孩子总想偷着看。甚至，在学校里，我们会抓紧课间仅有的十分钟，斜倚在教室外那面有着暖暖阳光的墙上，津津有味地谈论电视剧的剧情，什么男女主角的性格呀、身材呀，甚至于演员在剧中的表演，是否已经将角色塑造得淋漓尽致，是否真正接近了琼瑶小说中所要塑造刻画的人物形象……还有，我们还会一起唱那动听的歌曲，是电视剧的主题曲或是其中的某一段插曲。也有一本或者几本歌词本，上面抄满了我们喜欢的歌曲。我们唱着，也喜悦着，感动着，甚至常常在羞涩内心的某个间隙，藏匿起一些关于爱情的幻想。我们会想象着——某一天，自己也会如剧中的女主角那样，遇到自己生命里的真爱，

谁的少年，会没有叛逆

能够一见钟情的那种，然后两个人缠绵着，痴情着，互相牵手、相互依偎，直到爱情地老和天荒。

多年以后，我会感觉自己的可笑。

是啊，为了炫耀父亲对我的疼爱，我竟然会那么要求父亲——架我在肩上，一直，最好是多些时间在小巷内闲转，即使天空分外地冷，也分外的黑。为了满足自己那可笑又强烈的虚荣心，我竟然会赌了气忍受一个冬天的寒冷，就那么一直说——我不冷，就为了能够得到一件羽绒衣。为了心中那份幻想着的美好的爱情，我竟然难以忘却许多言情剧，竟然会常常设想，倘若自己是那剧中的女主角，自己该如何。我也常常在心灵深处想象自己将来的白马王子会是什么模样——是否也拥有高大挺拔的身材、浓浓的眉毛、高高的鼻梁，以及温情的笑容和磁性的男音。而自己，是否也会始终拥有剧中女主角的甜蜜爱情，和自己的那个他，白头偕老，痴缠永久。

多年以后，当我懂得了父爱、母爱，当我拥有了一定的财富，当我经历了也明白了什么才是真爱时，我会偷着笑话自己。笑话自己童年、少年甚至青春光阴的一些故事，会觉得，其实那些渴望贪婪、虚荣隐忍、幻想奢望其实都是美好的，虽然，在某种意义上讲，它们是有些可笑的，但是，那确是本真的自己。

那时候的想法或者需求，在而今物欲都非常满足的今天，在我已经走过了一小半人生的今天，其实，是那么可爱。虽然，那些愿望或者要求在当时只是难以实现的奢望，透着浅浅淡淡的凄凉，甚至有些悲凉是贯穿了我生命的许多光阴的。可是，我依然觉得，在许多年之后，在我终于悟出了人生的许多道理后，那些零碎的片段，其实也是我人生的一种难得的插曲，使我能够常常回味，也在这样的回味中想念、感怀许多，也总是通过它们来思索人生的更多道理。

那些渴望贪婪、虚荣隐忍、幻想奢望，包括后来的许多我的人生经历，其实都是现在的我在拥有了许多美好、幸福以及快乐后所不能替代和感悟的。它们，虽然透着微微的凄凉和悲伤，但是永远值得我回味，一直回味。

第二辑
素年锦时

感恩生活的馈赠

在重庆的解放碑前,在初夏的傍晚,我看到一位头发已然花白的老奶奶,她在卖小孩子们喜欢玩的"泡泡"。

"吹泡泡喽!快来吹泡泡喽!"她一边大声喊着,一边吹着泡泡。

那些泡泡,轻薄且较大,在城市广场傍晚的灯光下,愈加辉映闪烁出美好的光泽。

赤橙黄绿青蓝紫……

也许,这些颜色并不完全会隐藏或是显露于那些薄如蝉翼的泡泡之中,但是,我仍旧会在看到老奶奶吹起美丽泡泡的一刹那,被她感动!

或者,也是有着些微的震撼在心间。

见过许多买"泡泡"的,也多是年轻一族。

而这位头发花白的老奶奶,给我的"震撼",却不仅仅是因了她的年长,更有她褴褛的衣衫、蹒跚的脚步,以及恬然的笑容!

是的,我是被她的恬然笑容所震撼。因为,那笑容是与她的年纪,以及衣衫极其"不相符"的……

这样年纪的老人,该是坐在温馨的家中,儿孙绕膝,子女陪伴,享受人间的天伦之乐,而不应该是一个人在城市的广场或街头,做着小小的营生……

也许,残酷的现实生活中还有更多的人,是要过着一如眼前这位老人

谁的少年，会没有叛逆

的"生活"吧。

只是，我并未曾留意罢了？

生存境况并不太好，已经有了大把的年纪，甚或是已然进入了人生的晚年，却仍旧要依靠小营生来养活自己……

而她，而她写满沧桑的面颊上，却只有恬然的笑容。

是快乐、满足，还有善良，以及内心里最简单朴素的叫作信仰的东西，在支撑着她，充盈着她，给她欢喜幸福的勇气吗？

我在感动震撼之余，也不免会想象许多。

身边多少人，拥有极好的生存境况，富裕且年轻，却时常满面愁容，并不会有太多笑容挂在他们脸上。聊天的时候他们会说，活得好累！为什么别人拥有的东西，我却不会拥有？

他们的心一直不肯宁谧和安定。似乎，始终都是在执着地追求。

追求于物质生活的愈加富有。

是的，也许我们有天会拥有了梦想的一切，然而，却仍旧内心郁郁且烦忧怅惘。

没了欢乐，没了幸福，甚或是满足的感觉。那么，我们即便拥有万贯家财，又能怎样？

或许，在城市傍晚的广场上，吹起泡泡的老奶奶，她的日子过得分外艰难，又或许，她的家庭有着这样那样的不幸，人生并不一帆风顺，自足满意。然而，她却因了内心于生活的简单，以及十分容易得到的满足，而幸福和快乐，所以，她的面庞上会漾满动人的笑容。

那些笑容，一如流动闪烁的城市霓虹，美好也晶莹了我的内心。

于是，我变得不再彷徨、怅惘，以及浮躁。

是时候，该感恩知足于生命了。

那些看不见的生活的馈赠，我们应该在生命的任何时候，都静静地体悟也回想。然后，把生活来好好珍惜！

不抱怨、不烦恼，只以一颗素净纯粹的心，来简约也美好我们的人生，如此而已！

第三辑

爱在路上

谁的少年，
会没有叛逆

在 路 上

有一周，基本都是在路上的。

离开古城，去往一个个美丽的地方。

每天的每天，都是在路上。

看美丽的景致，赏不一样的风光。

或者青山，或者绿水，或者怪石，更或者是品尝异地的美食。当然，还有那些不一样的风土人情。

其实，在路上，是一种难得的享受，是更多的美好和更多的绚丽。也许可能会遭遇更多的困苦或磨难，也或许会有着你不曾想到的事情发生，或者还很糟糕，但是，更多的却是美丽。

不是吗？

或许，路途迢迢，要一直走下去，要一直一直走下去，你才能看到你想要看到的美丽景色。也或者，在你一直走的时候，会路遇坎坷，更会有意外阻止了你非常想要看到的美丽。但，最好还是不要放弃吧，一定要坚持，坚持走下去。

山路蜿蜒，不时拐弯，急转又是急转。在你一直走的时候，总有惊险，一个接着一个。或许，眼前已经不能够看清一切，因为有雨、有雾，还有一处处非常险峻的山石突兀林立，阻碍着你的视线。可是，车子还是得要

第三辑
爱在路上

行走呀,你还是得一直走下去呀。山下,是不敢看的,看下去,会脑袋发晕,会使你顷刻便丧失了继续走下去的勇气。你得一直看着前方,看着那些高而遥远的山峰,其时,它们似乎已在眼前。虽然雾气弥漫,视线不好,可是,还是要走下去,一直一直走下去。

终于,在无数次惊心动魄之后,你终于抵达了目的地。

呀,的确很美。山是那么清秀,水是那么碧绿,并且潺潺或哗哗,似在弹奏一曲曲美妙的乐章。食物也尽是美味。最绿色最纯粹的食物,吃得你并不想起身。还想要一直待下去,不仅仅是此处的食物非常诱人,更有不同于往日的许多美丽,使你不时流连,不舍得离去。

或许有蛇。是的,或者真的是有蟒蛇的,可得小心呀!

……

岁月的蹉跎,光阴的流逝,让这片美丽的山林长满绿苔。那些绿苔,浓浓郁郁,随处可见。山石上、地面上,甚至每一棵树的树干上,都潮湿而苍茫,在你看过去的时候,更有非常遥远的意味,袅绕而来。

不是非常喜欢这些吗?久远的、潮湿的、苍绿的。甚至,会苍绿到老,一直一直苍绿下去。

在那一刻,我便会忽然悲伤地想,是不是,这样的一片片苍茫的绿呀,也会如人一样,常常要没有尽头地走下去,在路上,一直一直走下去?

可不是吗?

许多时候,我们都是在不停地走,不知疲倦,没有尽头。

或者,我们也那么渴望停留,想要很快就走到自己梦想中的风景区。有非常美好的景致,可以永远地停留,不再那么艰难地行走。是的,不再走了,就是这儿了。就这样歇息下去,很满足了。非常陶醉地住下来,永远地驻扎下来,不再走,真的,真的不再走了。

可是,更多的时候,我们是找不到这样一处地方的。

——可以一直让你停下来,不再走,很满足,亦很幸福很快乐地停留下来,不再,永永远远地不再走。

谁的少年，
会没有叛逆

在路上的感觉，也是美妙的。

虽然，停留在某一处，看最唯美的风景，是我们最想要得到的结果。但是，既然，现实并不允许我们一直停留，一直静心地欣赏这片美色，那么，一直走，在路上，也是一种分外特别的美好了。

只能如此。

倘若，你真的在路上，一直都在路上，那么，不妨学会欣赏不同的美景，学会享受不同路段的景致，让自己的眼前一直都充满不一样的美好。而不是厌倦，甚或消极的抱怨。

在路上，或者会很疲累，但，确是能够看到更多不尽相同的美丽景致的。只要你愿意，就一定能看到。

在路上，我微笑着，始终。

第三辑
爱在路上

做次旅行

曾经，有段时间，我会被一场旅行所困扰。

那困扰，是矛盾丛生，但亦是蠢蠢欲动。

矛盾的是这场早就想象当中的旅行，会不会不够顺意，又荆棘丛生。

蠢蠢的是自己那总是难以停息的想象。

一处山水、一缕云雾、一排房舍、一些花木……所有这些，皆是想象当中的一再唯美和曼妙。亦灵动，亦轻悠，似梦中千万次翩跹起舞的斑斓蝴蝶，扇起的只会，也只能是我无限又无法遏制的蠢蠢欲动。

那么，就走吧——在一个适合的时日。

或者，一个人，哪怕即使是一个人的独自旅行，也是好的。

无须太多行李，只打包最为简单的行李。背上行囊的那刻，心里亦会无比激动。有对身边彼时景致及亲人的留恋，也有对即将看到美好景物的无限向往和渴盼。

独行的火车上，并不肯安分。心思缥缥缈缈，神情，在那刻，似乎都是轻悠翻飞的。

尽管，有旅人不时在身旁絮叨。但是，那些絮叨，在那些时刻，亦好像是化成了一首首分外动听曼妙的乐曲，只肯飘飞而出，朝向一再美丽明朗的天宇。

谁的少年，
会没有叛逆

呃，我知道，终于，自己是踏上了旅行的路途。

或者，在人生中，总会有些时候，你是该有些时间，送给自己的。

只送给自己。一个人，做次旅行。

抑或，这次一个人的旅行，在你还未出发之前，总是会有着一些难度。

你彷徨、你怅惘、你渴盼、你向往，但是，也总是难以摈弃一些矛盾和纠葛。

然而，总会有那么一个时刻，你会勇敢地出行。

那时候，或许，阳光灿烂。

有春日的花朵，在轻悠徐缓的清风中，送来阵阵花香。

这时，你终于背起了简单的行囊。

走吧，做次旅行。

即便，这次旅行的主角，只是你一人，也会赏到更美的风景。

原来，旅行没有那么难。

在你一人，独看一片游云、独赏一派花木、独对一片沧海或独攀一座山峰之时，想必，你会生出更多的感触，于人生，于旅行。

旅行没有那么难，在美好的时节，期望你会如我这样，有着一份极好的心情，然后，携带简单的行囊，出发，去做一次想要的旅行。

第三辑
爱在路上

南方八月

有一年八月一家人出行,是去往南方。

行进的路上,沿途美景总让人十分留恋。那么想,那么想就在随意邂逅的某处停留,待到看尽了那儿的美景,也体悟了那儿的人文风情,然后,再出发。

然而,毕竟时间并不允许我们这样随意逗留。

于是,仍旧一如既往地前行。

终于抵达一个南方小城的时候,恰好是八月的傍晚。

总会记得那个南方八月的傍晚。

空气中,有些微潮湿薄凉的感觉。在酒店里放好行李之后,便去距离酒店不远的街上散步,顺便寻觅感兴趣的食物。酒店的美食,那时候并无兴趣。抵达一个新地方,便要出去走走,看看当地的人文风情,顺便搜罗当地的特色吃食,这,已然成为我出行的一种固定风格。

八月的傍晚,清凉亦热闹。

街边依旧繁华喧嚣。夜市摆了出来,并且生意正红红火火。不一定要坐下来品尝,然而,却是喜欢这种热闹喧嚣的,极具红尘中烟火的气味。

食客们多数亦是精神饱满、十分亢奋的模样,仿如也是初来乍到一般,这一切的境况,竟然,竟然和我颇为相似。

谁的少年，
会没有叛逆

  其时，我会想，也许，是这个南方小城的八月，最是美好。至少，在一年四季的那些月份中，这儿的八月是别具特色的，所以，会有那么多的人喜欢。哪怕，这些人，就是这个小城的人呢。

  小城的夜灯五彩斑斓，闪闪烁烁中，总会给人以遐想。

  顺着一条青石板铺就的街道一直走下去，会直抵江边。

  江风吹拂，也荡漾起不住闪烁的霓虹，在宽阔深情的江水中。

  在江边的小茶楼里坐下来，点了一壶绿茶、几样零食，此时，音乐正随了江风，轻悠飘扬。

  夜色渐次浓郁起来，渐渐地，我只能借助茶楼晕黄的灯火看清江中行进的游轮。然而，并不能看清游轮上更为详尽的、站于甲板上的游客的面容或神情，虽然，那艘游轮距离我们并不算远。

  女儿不时舞动手中的荧光棒，并且，还不肯安静地一边唱着欢乐的歌曲，那些我并不熟悉的，属于新一代年轻人所喜欢的歌曲，就这样，被我在这个南方小城的八月夜晚，逐一接受，也渐渐喜爱。

  后来，我们也上了一艘游轮。只做观光，只抵达大江的另一岸边，然后，再返回。

  夜晚的江风，吹拂到面颊的时候，仍旧有着一股微热的潮湿。那是江水的温度，被晒了一天的江水的温度啊。

  在前行的游轮茶座上，静静地喝了一杯茶，也把目光放逐出去，是要饱览更多的沿江风光，尽管，尽管是在已然昏黑的夜晚。

  印象最为深刻的是那座江上的大桥。

  宏伟、雄壮，更轻盈美丽，斑斓的、闪烁的、莹亮的。桥上不时行过的车辆，车灯闪亮着，从远处看，仿佛连成一条线的灯火，那灯火，又间或在轻盈宏伟大桥的中间，于是，整座桥，便愈加壮观也嫣然了。

  那个夜晚，在酒店里，我睡得很香。有梦做伴，但醒来之后，又好像已然忘却。

  清晨，洗漱完毕之后要做的事情，依然是出去走走。

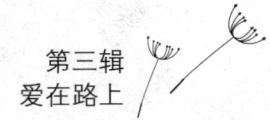

  酒店的早餐虽好,但我仍旧不满足。我要去小城寻觅,寻觅更多的特色美食。当然,也少不了体悟小城的各种风情。

  头顶的阳光渐渐地炙热起来,而小城八月的早晨,仍旧美好清新。

  陌生吗?于这座南方八月的小城?

  不,它已经不再陌生。

  后来的某年某月某天,在我回想那个南方八月的小城之时,我仍旧感觉,仍旧感觉它的熟悉。

  并不陌生。即便,在那年的八月,那个南方小城它给我的感觉也仍旧亲切。

  像极了,像极了某次梦中,我与它的一场邂逅。

  而一切,也都熟悉更曼妙,在那场邂逅的梦境中。

谁的少年，
会没有叛逆

最好时光

  轻轻浅浅的流光中，总有一些光阴是温存美好的。

  或者，那时，正是初冬。

  北国已然飘起了零星的雪花。树木枯枝萧索凄冷，也在寒风中随着呼啦的风儿，发出些许的簌簌声。

  而南国，彼时仍旧一如初秋。花朵还在绽开，那些明媚鲜艳一树的是美丽的紫荆花。还有些并不认得的花儿，淡然静雅地盛开着。

  走在陌生的异地街头，内心却是温热和暖的。

  有馨香的风儿，或是，仅只是丝丝缕缕恬淡的花香，迎面扑鼻而来。

  那是你的气息，或者，就是想象中的最好时光，它正一点点，一点点地弥散氤氲而来。

  什么时候，感觉周身和暖。似那春日里最温煦的阳光，普照下来，整个人，都要迷醉也沉溺了。

  春日的花香，春日的色彩，那是在北国时候难以忘却的记忆。美好且芳香，并且，永不会忘记。

  而南国的初冬，却也恰有如此美好的感受。

  满眼看到的是无尽的清新和悠然。所到之处，皆是一派和谐与静美。

  鱼儿静静也幸福地游弋，尾巴轻轻巧巧地摇摆出好看的姿态。那刻，

竟会生出艳羡的情愫,轻声说,嗨,这些鱼儿真是幸福呢!

漫步经过的园林中,处处皆是散落的雅致与曼妙。会独自忘记行进不息的时光,或是,忘却了脚步的一再歇息……但是,又不肯丢下这些美好。

细叶榕高大茂密,叶儿浓绿到接近老绿,枝干却分外奇怪。那时候,会驻足下来,静观它的身姿,以及,赞叹它根茎不住坚韧地绵延。

荔枝树生发出来的嫩叶儿,是微红的,远远看过去,便好似在绿叶间,忽而开出的簇簇红花。

玫瑰园的玫瑰,十分袅娜妩媚地绽放着,在看到的那刻,我想,那特别的馥郁和清芬,即便岁月蹉跎,时光荏苒,也终难忘怀。

于紫竹居吃了沙湾姜埋奶,很是味美。静静吃着的时候,也想象它的做法。应该就是在鲜奶中加入了白砂糖和生姜,然后打成糊状吧。吃的时候,却感觉它的形状是有些北国豆腐脑的模样。

无论它是怎样的一种模样或者形态,不可否认的只能是它的美味,极其独特的感觉。生姜的辛辣,微微地袅绕出来,穿过你的咽喉,直抵脾胃。而奶香也不甘落后地一路相随,它们好似一对爱恋痴缠的恋人,亲密相伴,不离不弃……

美丽的番禺,清新、宽阔。有些马路两旁,植有棵棵高大的椰子树,走过的时候,有在海南的感觉。还有不少竹林,就林立于楼宇之间。路边的绿化带中,总有不认识的绿植,开出好看的花朵,红、黄、蓝、紫的色泽……

虽然,街上不少人穿了棉衣,但是,以我北方人的感觉,这儿又哪里像是冬季呢?俨然就是北方的清秋罢了。

也在走累的时候,一个人坐在环境雅静的酒店,要喜欢的菜品和营养汤。还有,品尝这里独有的下午茶和点心。

午后的阳光,是些微的温暖,没有寒意弥散。天桥两侧是簇拥垂吊而下的绿色植物,以及它们的花朵,紫色或是微红、浅粉的颜色。

城市的夜晚就要来临。

天桥上,我静静地站立。

谁的少年，会没有叛逆

看到的是广州独有的魅力，高楼、霓虹，以及行进中车辆的点点光亮……它们是有着广州独特韵味的。

彼时，我还身在广州，在遥远的另一座城市。

可是，怎么感觉，自己已经是这座城市的一员了呢？

只是，当我融入它的时候，却不得不返回古城了。

刚刚适应了那边的温暖，又得要适应这边的寒冷了……

当我在QQ中敲下这句话的时候，远方的友人，发来了哈哈大笑的可爱表情，隔着千山万水，我在古城寒冷的早晨，似乎，就已经看到了她的面庞。

——清新、俊美亦秀丽旖旎如花城广州。还有，还有淡淡的馨香，一起氤氲袅绕……

纷纭喧嚣的红尘中，倘或，能多些再多些如此的最好时光，便也夫复何求，夫复何求了呀！

第三辑
爱在路上

离不开，丢不下

周末，同事们相约一起去丹江漂流，然后再去金丝峡大峡谷游玩。

短短两天时间，却感觉非常漫长。

虽然车子经过的一路美景目不暇接，但是因为离家，因为挂念着家人，许多美景也还是不能入心。

总是在相伴的每一天，抱怨日子的分外平常，却往往在离开之后，才知道，原来每一天的平淡相伴，亦是那么美好和幸福。

其实，每次出远门，心里都是七上八下的。特别是在离家前夕，即使那个地方是自己一直都非常想去的地方，也总是在梦中出现，但在将要远行之前，心里仍会被那些郁郁占据掉许多的兴奋和快乐。总是担忧很多，甚至会有些害怕，担忧和害怕每一次即使短暂的分离也会是永远的永远。

几年前，曾去翠华山参加拓展训练。当我站在十米高的木板上时，心里亦是非常复杂的。不仅仅是害怕，更多的是不舍，怕有非常不好的结果。在我跨出那一步的时候，忽然吹来的一阵山风，加速了我汹涌而出的眼泪。

其实，每一次外出，最好是和家人一起。这样多好呀，一家人一起出行，时刻相伴。一处美景，一处凉风，也尽可一起享受。不必担忧和牵挂许多，也会玩兴十足，美好多多。

只不过才离开两天，也只不过还在省内，却将心牵挂成这样。

谁的少年，会没有叛逆

手机大多时候都处于关机状态。偶尔打开，是一条条的短信。他在短信中说，走哪儿了，要注意安全，早点回来。看到时，心里全是感动，亦有说不出的幸福。第二天，再开机，还是他的短信，说，几点回家？我们等你一起吃晚饭……便再次感动。车子在高速公路上疾驰，两边青山快速闪过，继而，又会驶入幽暗的隧道，在这刻，仍有泪轻轻淌落。在忽明忽暗中，更觉得光阴的可贵，亲情的可贵，生命的可贵……便也愈加地思念起家人。

许多时候，无论你走到哪里，也无论你的眼前有着怎样的美景，更多的时候，你都会内心疼痛。也许只是些微的小小疼痛，可是，亦是会有。因为心中有着某份牵挂和惦念，所以，即使你眼前的景致多么美好，也会遗憾，也会有淡淡的忧伤笼上心头吧。亦总会遗憾，若是他、她、他们都在身边，该有多好？

想必，那定是一次最最愉快的旅行吧。

不要说你不想家，不要说你可以很洒脱地丢开一切。其实，种种迹象、次次心痛和牵挂，亦都表明，其实，有许多东西真是你这一辈子都不可能割舍掉的。即使某次不快中，会随口蹦出几句没心没肺的话，也委屈，也哭泣，也抱怨，但在时光的流逝和岁月的变迁中，也许，你依然还会觉得，其实，割舍不掉的，真是割舍不掉的。

或者，有些人真的可以割舍掉许多，可以一人出游，玩得愉悦畅快也尽兴和惬意，但那个人，真的不可能是自己。

该牵挂的，总会在心中，怎么都不可能轻易就丢弃掉的。

夜了，才回到家中。

顾不得洗去满身纤尘，亦顾不得卸去满身疲惫，甚至，你连一口茶水都顾不得去喝，就唤着他和孩子。但倘若，那个他还是冷冷的，不肯走出来，恐怕你的心头又会漫过几丝疼痛吧。

但是，忽然，他会唤你，说，过来看呀，有我新作的一首诗……

过去看，是《爱的感觉》。

读毕，内心仍是感动和幸福，虽然，此次远行才仅仅两天。

其实，他的内心，亦是那份和你一样的牵挂和不舍呀。只是，或许，很多牵挂很多不舍很多疼爱很多幸福，你们一直一直都只藏于心底，而没有说出口罢了。也许在某天，你或者他出行到很远的地方，那些牵挂那些不舍那些疼爱那些幸福，才会渐渐地在你和他的心中，漫溢泛滥成一条非常汪洋的大海，任凭谁，任凭是谁，都不可能阻拦得了。

也是如此，你们也才终于知道——原来，离不开丢不下的终究都会离不开亦丢不下，无论你浪迹哪里，也无论这时光如何流转。

谁的少年，
会没有叛逆

在青岛

  抵达青岛的时候，才不过夏日凌晨的五点多钟。
  海边清寂而平静，城市也仿佛刚刚苏醒一般。
  然而，却看到了不少游客，在欣赏美丽青岛的模样了。
  海边、街角、广场，都可看到拍照背包的游客。他们兴致勃勃地起了个大早，就只为能够多看几眼美丽的青岛，或是刚刚从梦境中醒来的青岛那微微倦怠也慵懒、清新的模样。
  站在青岛市植物园门口的时候，似乎夏日清晨的第一缕阳光才刚刚照耀过来，但并不耀眼，只给我的眼前，洒上一缕亮光。于是，我便站在这缕亮光中，"命令"女儿为我拍照。
  一向乖巧听话的女儿，在那刻，却不肯听话，嘴里细声地嘟囔，但也最终些微不耐烦地答应为我拍照。
  我并不介意她的这种"调皮"。谁让，谁让我们是母女呢！
  因为进入植物园比较早，我们便也赶上了第一班缆车。
  并且，我和女儿还有幸乘坐了第一辆缆车。
  青岛植物园的缆车并不比以往我们常坐的封闭式缆车，所以，坐上去的时候，内心不免微微地害怕。特别是当缆车行进到较高的区域，眼睛看向脚底下，似深渊般深不可测，亦被浓绿繁茂的树木所笼罩……心儿，便会不自觉地怦跳不息。

那些高燥的山地、低洼的泽圹，以及起伏的地形、复杂的地貌也全部被缆车中的我们所看到。

天然植被属落叶阔叶林，混有常绿针叶树，整个山头次生刺槐林占优势，间有黑松、橡栎类、朴树的小片林，生长良好，林下地被科类丰富，生长茂盛。植物园所处地形起伏、地貌复杂，具备植物生态要求的多样环境。园内有天然生长良好的小片林，园外的山色、海景、寺庙建筑可为借景。自然景观丰富，冬暖夏凉的气候，偏酸性的土壤适合部分亚热带植物及中高山植物生长……

在依山临海，风光秀丽的植物园所看到的美景自然没得说了。光是青岛市的那些德国人建造的红房子，就已经足够唯美。它们掩映于绿树丛中，看上去那样清雅且高贵。而海景，也已然显现于眼前。

对面缆车上的游人，胆子忒大，不时会用手机拍摄。甚至，还有爬于缆车横挡上的……而我并不敢那样。也因此，遗憾于那些看到的美景，不能被我摄入镜头中了。

缆车返回的时候，我终于壮起了胆量，拍摄了十来张照片。

经过专为游人拍摄照片的地段，我和女儿听话地微笑，只为在那刻，能够留下足够美好的倩影。毕竟，母女俩一起乘坐缆车合影的机会，是少之又少啊！

进入海洋馆的时候，已经临近午饭时间。然而，馆外馆内依然熙攘拥挤。而太阳，在那时，也仿佛要燃烧起来一样，炙烤得人快要疯掉。

大约每个进入海洋馆的游客，都很喜欢海底世界吧？可不是，那海底里轻轻摇曳的水草、翕动的珊瑚、自由游弋的鱼儿……它们，哪一个不是我们十分渴望看到的呢？也是因为更多时候，我们的所谓看到，只是在影视剧或是图片当中罢了。也所以，当传送带将大伙儿送入海底世界的时候，大家都啧啧赞叹也不住骚动起来。

或者，会有不少人的梦想，便是一如自由游弋的鱼儿那样，潜游于海底。

谁的少年，
会没有叛逆

海洋馆的里里外外，我都尽可能地留下了美好的影像。

而五四广场周边，也散布了我们的足迹，以及，甜美怡然的笑容。

我最为感动的是——一个抱着小孩儿的父亲，肯为我们母女耐心地拍摄合影……

而我们的"谢谢"两字，即使再多说几遍，恐怕也难以表达我们心中于他的分外感激吧？

在海边，要了烤鱿鱼、炒冷面，还有水果。坐下来享用的时候，似乎有在故乡享用美食的感觉。只是，会多出几许不一样的感动。那感动，翻涌也撞击着我们的心房，一直一直。

喜欢青岛的蓝天白云、海面沙滩，以及耸入云霄的楼群、熙攘阔大的广场。当然，还有那些德国人建造的红色房子，以及城市中随处可见的葱郁葱茏更清凉无限的浓浓绿意。

若再去青岛，我想，我会找几处喜欢的地方，喝茶、品咖啡。然后，也听茶屋、咖啡吧的音乐，十分袅绕地氤氲而出，令我有了更加细腻绵长的思绪，然后，再去写那些似乎永远也写不完的文字。

爱上一个地方，便想要坐下来，静静地。或是，漫步在它的街头、海边……有音乐，哪怕只是耳机的轻微音乐，也是好的，好的吧。

在 北 京

于北京的记忆,是清寂亦美好的。

一次,是于早春,我出公差,去北京。

到达的时候,正是清晨。微微的还蓄着寒意的春风,喜悦地轻拂着。而我的那件草绿色的毛衫外搭呀,亦是被北京早春的小风,吹得分外青绿也妩媚妖娆起来。

那次,因是开会,主办方并未允诺接站,便也只好打车。出租车司机是位中年男子,清瘦且白净,看起来文静如书生。他非常热情地送我到酒店,并且,还一路为我介绍着北京的一些或者并不被外来游客所知晓和容易忽略掉的景点。

所住的酒店,是位于中关村附近的一家三星级酒店,大且清净,基本符合我的住宿要求。而会场,则设在酒店的豪华会议厅内。

一连几天的会议,虽不是那么疲累,但,总会觉得,还是没有太多的属于自己的时间。

还好,会议结束后的三天,我为自己安排了出游。

但,毕竟只有非常短暂的时间,并不能怎么细致地游览。只是去了几个非常想去的地方,看看,也拍拍照片。

亦有北京的好友热情地请客吃饭,是在西直门旁侧的东来顺。大大的

谁的少年，
会没有叛逆

包间，充斥着完全的热烈和温暖。涮锅的味道、京城的味道、友人的味道，还有，还有那份蓄积于心房的感动和快乐，一一地在那个最大的豪华包间里宣泄了出来。

返程的前一天，好友特意提出请送行餐，便只好遂她的安排去了一家日本料理店。非常优雅的店面，幽静且邃然，有着某种特别的韵味儿，更有丝丝缕缕的温暖，一点点地漫溢出来。记得好友点了几道日本菜，皆是以非常精致的印花细瓷盘盛了上来。那几道菜品，看起来精少得你并不忍心去食用……而我们，只不过，是聚在一起叙叙别罢了。

用餐后，走出那家日本料理，北京城正好起了一场风。

风儿吹得无限狂乱，甚至乱了我的秀发和衣衫。

友人笑着说："看来，连京城的风儿，都不舍得你离去呀！……"

她的那句话，听得我心里无限温暖和眷恋起来。

及至返回后的一个月里，我都是以这句话，做了我的QQ说说的。

有时，在某个有风的日子里。或者，还有上好的温暖阳光，我会一人独煮一壶咖啡。然后，听着轻缓曼妙的音乐，回想一些往事。

而，每每那刻，又都会想起那次难忘的北京之行。自然，还有那些好友的一腔真情。

"看来，连京城的风儿，都不舍得你离去呀！……"好友的这句话，亦是会回响于我的耳畔。即使时隔很久，我再次地回想那些情景，也仍会有温暖和感动，一点点地，漫溢过我分外潮湿涌动的心房。

又一次去北京，是个初秋的时节。

那时，是带着女儿一起出行，只为放松下来，做次京城之旅。

恰好是最好的时节，不热亦不冷，气温舒服得一如我们旅途中的心境一般。

而，北京的天空，更是一望无垠的湛蓝和高远。

是住在北三环的一家四星级的酒店。酒店虽然邻近三环，但是并不吵嚷。夜里，亦是可以很好地进入睡眠。

第三辑
爱在路上

那次北京之行，是预备了一月之久的。

除了看景，也感受一些北京的文化，或是风土人情。

自然，亦会迷恋于北京的美食和酒吧。

非常喜欢在黄昏时分，和女儿一起漫步于京城的小胡同内。那些幽静深远的小胡同呀，于我们，总是有着某种吸引的。说不清是因了什么，反正就是吸引，仿佛就是一种前世之恋般，使你迷醉和不舍。

女儿，也是喜欢摄影的。青春的她，不时会用单反相机拍摄一些景致。

一棵树、一枝花、一片天、一块瓦，甚或是一面墙、一只鸟儿和一处房檐儿，亦都会成为她摄影的主题。

而我那时，总是分外快乐也幸福地陪伴于她的身边。看她执着于那样的拍摄，便有许多幸福满足的感觉，弥漫我跳跃欢腾的心房。

我和女儿皆是喜欢自由散漫之人。出门旅行，亦并不喜欢报团，只是喜欢随性着自己安排旅程。

某个地方，是自己非常喜欢的。或者是，那里的气场甚或风俗文化，异常地迷醉自己，便也会久久地选择待下去，而，并不急于转换下一站的旅程。

于北京，我们，便是如此。

如，于故宫，我们便是用一整天的时间来"浪费"的。穿行于故宫长廊，看那些已然斑驳陆离的古朴建筑，然后，或者，我们还会寻一处地方，安静地坐下来，是休憩，但也是冥思。思绪在那刻亦是在记录和整理。而彼时，或许正巧有鸟雀儿自头顶飞旋而过，惊了我们正于思绪之中的那场记录和整理。

也于北京大学"浪费"了一整天。

不想太快，真的不想。

慢慢地走过，慢慢地体悟，甚至，还要静坐或徜徉于未名湖畔，感受许多美好的画面。

而漫步于清华园中，则会不自觉地想起朱自清的《荷塘月色》。而，

谁的少年，
会没有叛逆

那些婀娜娉婷纯洁的莲花呀，是不是，也已经再次地入了《荷塘月色》。只不过，这次它们的进入，并不是在一个洒满清辉的美好月夜。而只是，只是在两个分外喜欢《荷塘月色》，亦分外欣赏朱自清散文的母女心间。

是在傍晚时分去了王府井的。面对那些京城的小吃，我们不时会驻足欣赏；也会花钱品尝，更不忘用心去记录。即使夜晚仍会人头攒动的王府井大街呀，是不是，你也有着一如我们这样的心潮澎湃和难以宁静。

夜来时，我和女儿静静地坐在长安街边的一个花坛旁，有清芬的幽香不时袭绕过来。抬头，是轮明亮的圆月，而眼前，也不时会走过或急切或悠闲的人们。车流非常安然有秩序地行进，而我的眼前，亦似乎在那刻，会想起一些场景。

比如，一个作家描述的场景。

——于午夜时分，她失眠，忽然想起长安街。便起身，穿好棉衣，于寒冷的午夜，打车几个小时，直奔长安街。

那时候，就在我看到她的这些描写之时，我的内心，亦是有着些许澎湃和激越的。那刻，我想，我是不是也是有着与她相似的地方，心灵之上的某些相同。所以，我能够理解，完完全全地能够理解。理解一个女子，会在分外寒冷寂寥的静夜里，于一处景，或是一个人的分外想念……然后，她或者，会毫不犹豫地决定出行，即使大雪纷扬，也是要抵达——抵达那个心中想要抵达的地方，更或者是要看到那个分外想念记挂的人儿。

那次，我和女儿的北京之行，来回都并未选择乘坐飞机，而只是购买了火车的卧铺票。

因为，我那么喜欢长久地思考或者欣赏一些美好，而并不情愿，那些美好，只是在极短暂的时间内，就谢落或是完结。

也所以，我们选择了乘坐火车。

而在那次旅途中，恰是遇见了一位北京的女教师。她呀，一路都非常友好地充当着我们的老师和"向导"。

在北京，我感受到的有清寂，亦有欢喜，有喧嚣，亦有宁谧。

有早春的清凉微风，更有初秋的薄凉细风。

而那些酒吧、那些胡同、那些长街、那些行者，以及那方天空、那轮明月呀，我想，大概都会像我们生命中的一些遇见和宿命那样，并不是你可以躲避得掉的。而那样的遇见，或者，并不是你情愿去躲避的。因为，在某些时候，你可能会觉得，这些，即使是宿命之中的注定，也大约会是一场分外的美好和铭记。

就像，某场艳遇，于你有限生命之中的某场艳遇。

艳与不艳，或者，你都会分外地迷醉和欢喜一样。

在济南

在济南,我最喜欢去的地方便是泉城广场。

那时候,正值秋季,正是收获的时节。

而我,却远离了故乡,只为着一些要事,而漂泊于济南——美丽的济南城。

所住的酒店距离泉城广场并不很远,步行过去,最多也才十几分钟。

于是,每每有一些闲散时间,我便会信步于泉城广场。

犹记得,那时的泉城广场上,总会有人放风筝。亦有一个不小的鸽子房,里面圈养着数不清的鸽子。而我,那时候,总是喜欢默然地站在鸽子房外面的护栏旁,仔细也长久地看那些白色的鸽子。

仍会记得,那些鸽子中,总有那么几只是非常调皮的。似乎,它们是懂得我的。在我看着它们的时候,它们并不那样认真地去吃食,而是,或者蹦蹦跳跳,或者扑扇起洁白的翅膀,朝向我的方向。

而,那时候,我便总想,倘若,我在某天,会有心情,亦有时间,养育一群非常可爱也漂亮的鸽子,该有多好呀!

泉城广场的对面,便是济南非常著名的趵突泉了。几乎每天,那里都会有人群在拥堵。大都是来自外地的游客,他们,先是要在趵突泉公园的大门口合影留念，然后，才情愿持票进入，慢慢地游览，亦不肯停息地拍照。

不知道为什么，我总是喜欢稍微寂静的地方。也所以，我即使那时就在济南的趵突泉附近，亦是不情愿走进去，去接近它的。

大概，后来我想，大概是因为我的个性所致吧。

悠悠然的，亦寂寂然的，不情愿拥挤或是吵闹。

也所以，在济南的那几日，颇具安然、宁静韵味儿的泉城广场便成了我常常去往的地方。

在泉城广场的北边，是条类似古城西安护城河模样的河水。叫不上它的名字，也并未询问，只是，非常喜欢漫步于那条河的旁侧。黄绿色的垂柳低垂下长长又柔柔的枝条，然后，在秋风秋阳中，我便分外地陶醉了。

那条河，并不漫长，只是守在广场的北侧。偶尔，也会有恋爱中的青年男女一起来到小河边，他们，或者会一起坐在低垂的柳条下，你侬我侬地亲密缠绵亦耳语。

其时，每每看到那样甜蜜幸福快乐的他们，那些，那些曾经属于我的快乐温馨时光呀，便会一点点、一点点地穿越古旧悠远的时空，来到身在异乡也孤单的我的身旁。

也是喜欢看济南市民的热舞的。

是在泉城广场。

早晨抑或黄昏。

听到激越的音乐响起，便朝那喧腾的地方走去。

近了，真是近了。

可不，一些或年轻或中年的女子，扭动着或纤细或肥胖的腰肢，她们，是在跳着一场场的舞蹈。是激越的现代舞，甚或还有可能融入了迈克尔·杰克逊的一些舞蹈动作。

一个异乡人，那个时候，就那样，非常享受地看着那些济南女子的热舞。

而她的身旁，亦是有着一些迷恋或是向往舞蹈的人们。

谁的少年，
会没有叛逆

　　她和她们的神情几乎是完全一致。那份痴迷、那份情愿、那份真切，似乎，似乎在那刻，她也已然，已然成了一个真正的济南人。

　　傍晚，肚子饿时，去街边的餐馆寻觅食物。

　　饺子！……啊，我忽然看到了一家经营饺子的餐馆。

　　坐下来，要了半斤，还点了一份炒菜。

　　待到食物端上来时，我非常惊愕了。

　　呀，这么多啊！

　　可不，那盘饺子，只是半斤而已，但是已经相当于我在西安的饺子馆中点到的一斤的分量了。

　　山东的饺子，可真是个大呀！

　　便不由得感慨起来。

　　而，那盘炒菜，也是分外多的。大大的盘子堆得满满的，及至不能再装下为止。

　　终于，我吃惊也折服于山东人的实在了。

　　后来的一个秋里，我在古城西安和朋友们吃饺子。在餐桌上，我对她们说起了济南和那儿的饺子。

　　还有，泉城广场、热舞、鸽子。

　　一桌的好友，也都惊愕了，在我说道济南的饺子，个大到半斤就相当于西安一斤饺子的时候。

　　或许，余下的许多时日里，在生命的另外一些闲暇里，我或者，还会留出一点时间，细细地回想济南。

　　也或许，某天，我还会去趟济南。

　　而那时，或者，还是在秋天。

　　是无限美丽的秋呀，并且，瓜果飘香、满眼金黄金黄的秋。

　　而那些白色的、调皮的济南泉城广场上的鸽子呀，是不是依然会在我去看它们的时候，或者蹦蹦跳跳，或者扑扇起洁白的翅膀，朝向我的方向？

第三辑
爱在路上

那条广场北侧的小河呀,是不是依旧细柳低垂,亦是不是,仍有恋爱的青年男女,你侬我侬着相依相偎?而泉城广场的一侧,是不是,亦会是歌舞激越、神采飞扬?那些舞者,或是一旁观赏舞蹈的人们呀,是不是,还能够一如当年那般,对我露出非常友好和善的微笑?

……

谁的少年，
会没有叛逆

棣花古镇

去往棣花古镇是在一个早春的时节。

记忆中是三四月吧。阳光极好地照耀着，所乘的大巴车从古城的长安路出发，经过了小寨、电视塔，然后就上了通往丹凤县的高速公路。

约莫两个小时后，大巴车就停在了棣花古镇。

安静、雅致。

也有些房子，建造得很有徽派建筑的风格，墙壁白色，而屋瓦则是深灰色。

阳光暖暖地照着，眼前的小镇便也仿佛白亮了起来。

许多人去拍照。大家一起拍摄合影，再散去，各自或是几人结伴着游玩。

我是一个人，所以仍旧选择了独行。

独行有独行的好处。那就是，不用在乎他人的目光或者意见，更不用担心你想多多逗留的地方，并不是他人所喜欢的地方。也不用等待他人，一切也只是随了自己的性子，走走或是停停。

于陕南的小镇，其实我来得并不多。

选择来棣花古镇，更多的原因是我于文字的喜欢和痴爱。而这里，这个名叫"棣花"的古镇即是贾平凹的故乡。

进入古镇，刚走不远，就看到了贾平凹亲笔题写的几个字。许多人站在那几个字的旁边拍照留念。

竹子，细细的竹子，像是才栽植不几年的样子，都还未长到粗壮，就那样整齐地排列着，就在距离古镇入口不远的地方。它们静静站立的样子，像是在欢迎着客人的到来。

于小镇，我总是有着难以抵御的情结。

它们，于我是更多的诱惑。或者，从某种意义上讲，我是痴迷于它们的。只要听说是去古镇，那么，我总是分外兴奋的。那情形，真真就好像是打了鸡血一般。

陕南的古镇，眼前的古镇，显然要比关中的古镇多出几分秀气。或者，是它们的美好和旖旎，被那不远处的青山给衬托和熏染了。所以，也就不仅仅只是多了几分秀气而已。大约更会多出几许灵气吧？是灵秀的，更是妖娆和旖旎的。

安静，并无太多游人。

这点，也是我所喜欢的。

向来，我就不喜欢人多亦喧嚷的地方。所以，刚一踏入棣花古镇，我就知道，这里会是自己喜欢的地方。

一个人，几乎是挨家挨户地逛。一个小店接着一个小店，也都被我一一光临。遇到感兴趣的，也必定会多些时间逗留。美好的商品，那些带有浓郁乡情的、纯手工的物品，总是我所喜欢的。我总会淘上几样，带回去装点房间也一并珍藏，更会忍不住去拍摄它们。

于吃食，亦是感兴趣的。

然而，棣花古镇的吃食并不算多。所以，我寻觅喜欢的吃食的时间，就相对会比我在其他古镇所花费的时间要少出许多。

后来，是在古镇的戏楼前，吃了一碗鱼，还有一张煎饼。那碗鱼做得倒是颇具关中鱼的风味，里面也有酸菜、韭菜，以及红红的辣椒。而那张

谁的少年，会没有叛逆

煎饼远没有关中的煎饼做得好吃。面粉中似乎添加了太多的淀粉，所以，吃起来的口感，并无全麦做成的煎饼软和，也少有麦香。至于煎饼里面所卷的菜，亦是一样，好像太多清淡，寡味至极。

在古镇游走寻觅，竟然会漏掉了贾平凹故居。

已然走完了古镇的几条街道，却并未看见贾平凹故居，便去询问一位乡亲，他笑着说，就是东北边那个戏台子的最上面……并且，他还热情地用手指给我。

顺着他手指的方向走过去，我果真看到了一处戏台。只是，彼时的戏台上，虽已有两人在准备开唱，但戏台的下面并没有一个观众。

戏曲，在而今，真是淡出了人们的心灵。一边在心里感慨着，一边继续朝向戏台的东北方向走去。

看到了一个略微高出几米的房子。沿着台阶拾阶而上，便果真看到了"贾平凹故居"几个字。那是题写在院门上的几个字。

并不大的黑色的院门，是大开着的。走进去的时候，看到了庭院中的游人。

亦有一块石头，随意倒在草地上。

"丑石！"那一定就是贾平凹的"丑石"了吧？

一边在心里面猜想，一边走过去细看。

果真，那果真就是贾平凹的"丑石"！

因为，就在那块石头上，题写有"丑石"两个字。

有柿树，亦有淡淡然的青草地，几朵叫不上名字的野花分外闲散地绽开着。

再走入另一道门，便又是一个庭院了，庭院被三间房子所环绕。而这三间房子，即是贾平凹父母的房间、贾平凹的房间以及贾平凹的书房了。

进得贾平凹父母的房间，首先映入眼帘的是贾平凹父母的相片，被分别镶嵌在两个大大的镜框中。是已然离去的故人，为了表达思念之情，而

特意镶嵌进两个大大的玻璃镜框中,然后,摆放在木柜之上,以便祭奠。

走入贾平凹住过的那间房子,仿佛嗅到了书籍的清香,亦有墨汁的幽然之香袅绕氤氲。

棣花古镇距离丹江并不遥远,所以,我想,当年的贾平凹亦会在他们家的庭院中,听见丹江的水流之声吧?

也或许,正是因了那秀丽的山峦,以及那美丽的丹江之水,才孕育出如此才华出众的一个贾平凹吧?

棣花古镇有静美的柿树,树干粗壮,树叶青绿。在蓝天和白云下,那些柿树竟像极了我曾经梦境中有过的树木。看起来,还有着几许略微的诡异,神秘且充满着媚惑。也直到此刻,我才终于意识到,原来,梦境中曾经出现过的那棵略微诡异也神秘媚惑的树木呀,竟然就是棣花古镇的柿树……

棣花古镇有荷,叶儿青青,在夏时,开出袅娜静美的花儿来。

棣花古镇亦有山和水,那山,也许可以挡住我们的视线,但也许并不能阻挡日出和日落的所有美好。

于是,这里的柿树、荷、山、水,都成了润泽和熏染伟大文人不可或缺的条件。也神奇,更好像是必然一样。

棣花古镇的房屋是随意而建的,然而,却也别有一番风韵。

那样随意而建的房屋,似乎恰好寓意了这里的人们——随遇而安的心性。

贾平凹被誉为"鬼才"。也许,正是因了棣花古镇的独特和韵味,以及,这里的一草一木、一砖一瓦还有这里人们的随遇而安,才造就了他的所谓的"鬼才"。

一方水土养一方人,于棣花古镇亦是这样!

即将告别棣花古镇的时候,我看到了即将沉落的太阳,它红彤彤地西沉于天边。而彩霞,也一点点,一点点地晕染开来,似要染红半边天空。

谁的少年,
会没有叛逆

这时,有好客的棣花人,笑着说,有时间再来啊……

会的,一定会的。

我对他们说,也对自己说。

想必,以后再来,我会对棣花古镇,以及贾平凹故居,有了更多的思考和慨叹吧?而那些欢喜和迷恋,应该也会更多,更多吧?

第三辑
爱在路上

日照时光

选择去往日照，是个很快的决定。

是七月，正值古城最热的炎夏。几乎每天，都有很大的太阳，炙热地照射着。

即使有高大葱郁的绿树掩映，室内也仍旧不能凉快。不开空调，那么，真仿佛要被烤焦了一般。

其时，最想的事儿，莫过于在海边散步，或是拍打层层翻涌的浪花。抑或，高声地呼喊，只为，只为能够消散郁结在心间的所有炙热和烦闷。

早晨出发，傍晚时分，就已经抵达日照。

急急地吃了几口菜和一小碗稀饭，就牵着女儿的手去了海边。

彼时，天色已经黑暗，海边却仍旧有着不少的游客。胆大点的男子，并不惧怕那不断翻涌过来的浪花，就那样勇敢地站在岸边，然后，激越地迎接亦拥抱一个个拍打过来的浪花。

身后不远处，会有闪烁的灯光，并不十分莹亮，却也有着恰到好处的气氛。

沙滩上，有人点燃支支蜡烛，那些蜡烛，被摆成了几个桃心的模样，然后，在轻微吹过的海风中，闪闪烁烁，煞是美丽。

我被另一处斑斓莹亮所吸引。走近去看，原来是一枝枝绽开的玫瑰，

谁的少年，
会没有叛逆

闪烁着莹莹的亮光，然后，在暗夜的海边，也被摆成了桃心的模样，无比绚烂地散发出袅然幽香。

亦有喜欢的恋人，走来欣赏。

而彼时，我的内心，也仿佛燃烧起一种温情浪漫的火焰。那是爱情的火焰，烈烈的，似要烧起我一样。

我的爱人，他在远方。而此刻，在美丽的日照海边，浅淡的暗夜，唯有我和乖巧的女儿，面对这朵朵盛放妖娆也芳香的玫瑰，隐隐地遗憾。

今天，今天是七夕，是七夕节呢！

女儿忽然说出的这句话，才唤醒了沉醉亦憾然的我。

浅淡暗夜拍摄的海水、浪花，以及沙滩和游人，都是黑到几乎看不清的境地。然而，那些燃烧的，摆成了心形的蜡烛，以及绽放的馨香妖娆的玫瑰呀，被我十分清楚地拍摄了下来。

一路走回渔村的时候，邂逅了街边的更多"美景"。最最吸引我的是一个卖小小挂件的车子，红、绿、蓝、黄、紫等各色各样的小挂件，琳琅满目地映现于眼前。那些红色的挂件，看起来分外喜庆，也十分抢眼。待走近细看，才发现它们都是些氤氲着甜蜜爱意的挂件。一对甜蜜爱恋的新人，并排而坐，细眉细眼中流露而出的是爱情的甜蜜和生活的幸福。翻看这些挂件的背面，亦是长成了爱情的样子——LOVE。英文的"爱"被十分艺术浪漫地呈现了出来……在被幸福甜蜜所熏染的那个瞬间，我毫不犹豫地买下了这个小小的汽车挂件。

在日照的几天，每天都会去往海边。或者扔掉鞋子，踩踏绵软的细沙，或者站于海边，感受海浪的激情亲吻。

夕阳西下的时候，我们欢笑在海边，也用手机拍摄下了许多美好幸福的瞬间。

女儿俯身认真地拣拾喜欢的贝壳。而我，则不辞厌烦地为她拍照。那些照片，我始终珍藏，就像珍藏那些生命光阴中最为珍贵也最为幸福的瞬间一样。

第三辑
爱在路上

静静的夜晚,并不能入眠。

那么,就躺在床上,一张张翻看那些美丽的照片吧。

红色的挂件,十分喜庆也浪漫,它象征着甜蜜的爱情和幸福的生活。还有,那些沙滩上被点燃的蜡烛,绽放吐香的玫瑰,它们被摆成了桃心的模样,然后,在异乡浅淡的暗夜,给我分外浪漫的、爱的情怀,仿佛把我生命的时光,迅疾地倒回了十年、二十年一样。

女儿的笑容,洋溢着青春醉人的美丽。海风轻拂而来,散乱了她的长发,而日照那美丽的落日余晖呀,则辉映得她的面庞——愈加靓丽动人。

多年后,我想,我还会为这段短暂的旅程而感动。

又或者,我还会再次来到日照,哪怕,只是一个人,静静地感受它的美好和淳朴,也是好的,好的吧?

关山牧场

初秋，也在女儿开学前夕，我们一起去了关山牧场。

在那里，感受草原的辽阔和静美，也享受一个短暂的假期。

白日里骑马。

女儿所骑之马，非常乖巧听话，只需马夫牵上一小段路，就完全不再需要马夫了。那匹棕红色的马儿，只是独自漫步，也时而会停下脚步，十分悠然自得地吃几口草，然后，再漫步着走回出发地。

而我所骑的那匹马，性子却要烈出许多。它的毛色稍显亮红，极其不安分。起初三匹马一并行走，亦是由一个马夫牵着，然而，它却总会用头去蹭旁边的那匹马儿。

或者，偶然间，它会突然地想要快步小跑……骑在它的身上，胆小的我，总是小心翼翼的，生怕不小心，会在它的"发作"中摔下马背。

也去滑草。

滑草场并不算大，但是也足够几十个人滑得开了。

听说近期已经有人在滑草时候不小心摔倒，然后一条腿骨折……胆小的我，只是微微地滑了那么一小会儿罢了。

在滑草场的多数时间，我们只是静静地坐下来，背部靠在滑草场的长椅上，看着他人滑草。有位母亲，看起来分外年轻，也十分勇敢，她带领着两个孩子在滑草，摔倒了，再爬起来，继续滑，一直到滑技娴熟为止。

初秋的微风吹拂而来，草原上漫溢出丝丝缕缕清芬的草香。

是喜欢青草的香味的。

想起自己每每在公园漫步，若是嗅到缕缕清芬的草香，那么，必定会要停下脚步的。只为，只为贪婪地享受那丝丝缕缕清芬的草香。

那些草香，在丝丝缕缕袅绕弥散的时候，总会令我想起儿时的某段记忆。或许，只是某次挎了小小的竹篮，与姐姐和哥哥一起去田间地头……而那时，亦是有草香，漫入鼻孔。

坐滑索的时候，内心并不十分惧怕。

看着前面的滑索人在空中转了方向，甚至也会在滑出去的那刻，大声呼喊，恐惧和刺激的情绪全都宣泄了出来。而我，却仍旧并不觉得害怕。

女儿安全滑过去的时候，我才出发。

不过，我却并没有喊出声音。是的，我没有出声，也没有害怕。我只是，只是十分淡定地睁大双眼，看前面，以及脚下的一切。那刻，我的大脑十分清醒，我只是，只是想要看清楚眼前、脚下的这个世界。它们是辽远的天空，以及广阔青绿的草原。

有些人在交流滑索的经验，除了害怕还是害怕……这，是我听到的，他们的滑索经验之重点。

傍晚，和女儿在绿园山庄附近散步。

天色一点点暗淡下来，仍旧会有马儿在不远处的草地上吃草。它们也偶然抬头，看向更远的方向。

绿园山庄的灯火已然点亮。

在小径旁，我们的身影被灯光拉得极为瘦长。彼时，便用手机拍照，只想留下一段美好的记忆。

照片上，是身影拉得老长的我和女儿。

我披了灰色方格的披肩，而女儿，则披着那条玫红色缀了大朵花儿的披肩。

谁的少年，
会没有叛逆

许多次，我们一起出行。白日或是晚间，看到自己的身影，都有想要拍摄下来的冲动。

将彼此一同出行的影像珍存起来，闲暇的时候再去欣赏，也有一股暖流，缓缓地流过心间。

女儿一天天地长大，而我，也已然老矣。

绿园山庄门前，距离我们房间并不算远的地方，有许多年轻人在举办篝火晚会。火光闪闪烁烁，映红了夜晚的草原天空。欢笑声、鼓掌声此起彼伏，然后，我们看到，几个年轻男女，手捧鲜花，去为一个年轻的、微胖的女孩献花，而那时，那个年轻微胖的女孩，正在高歌邓紫棋的《喜欢你》。

细雨带风湿透黄昏的街道，

抹去雨水双眼无故地仰望。

望向孤单的晚灯，

是那伤感的记忆。

……

喜欢你，那双眼的动人，

笑声更迷人，

愿再可轻抚你那可爱面容，

挽手说梦话，像昨天，你共我。

……

我的花环

在婺源，我买下一个花环，是用黄色的油菜花儿和紫色的一种花儿编织而成的。

在婺源，我一直戴着它拍照。

也并不舍得丢弃它。

从早上直到下午，直到游览完唐模古城，我才丢弃了它。

而在刚刚进入唐模古城的时候，就有在古城中做生意的当地人过来问我。他说，美女，你头上的花环是在哪里买的？多少钱？

我答他，十元钱在婺源买的。

他又笑着说，不如你卖给我吧？

这时候，我知道他其实是很想也编织许多同样的花环，在这里售卖。

其实，我也很想直接将花环送给他。然而，让我感到矛盾的是，我还想戴着它在唐模古城拍照呢……

于是，我说，不如这样吧。我不要你的钱，我从古城这个门口进来，是要从那个门口出去的，不如你一会儿到那个门口去拿吧，那时候我就不再用它了。

他却摇头，说从这个门口到那个门口，真是太远太远了，那就算了吧。

我又心有不忍，觉得自己不好，不就是一个花环吗？

谁的少年，
会没有叛逆

然而，我仍旧还是得戴着它拍照啊！

于是，我将花环从头上摘下来，递给他。

我说，不如这样，你现在就细细地看看，看看是怎么编织的，你看好了，我再戴上它离开。

就这样，在他细看完之后，我"决绝"地戴走了那个花环。

在我走了十几步之后，再回头，那个想要花环的生意人仍旧站在原地，他神情落寞，亦十分失望的样子。

他虽然细看了那个花环，但是仍旧在说，哎呀，我还是不会编呀⋯⋯

他的语气中有着失望与无奈，又有着遗憾和惆怅。

我对他说，其实很简单的，只需要找个柔软点的枝条或是竹枝，将其折成大小可以戴在头上的环形，然后，将各色花儿插上去就好啦⋯⋯

可是他仍旧摇头说着，哎呀，我还是不会编呀，语气中仍旧是更多的遗憾、无奈和惆怅。

那天夜里，我突然醒来，眼前仍会浮现那个生意人落寞怅惘的神情。

突然，我十分自责。

觉得自己当时真的应该将那个花环送给他。

他需要那个花环，需要看着它学会编织更多的花环来售卖。

他的售卖，或许会更好地补贴家用⋯⋯

而我并没有送给他，那个我在婺源买下的，仅仅花了十元钱就买下来的花环。

一个极其普通的花环，也许，可以带给一个人用来养家糊口的更多金钱，我却不舍得送给他。

我是一个多么狭隘自私的人呀！

我不自觉地又在心中慨叹起来。

希望以后的自己，会渐渐变得大气悲悯起来。

不再这样狭隘也自私。

第三辑
爱在路上

出行的思考

出门的时候,我总是需要带上一些我的所谓的必需品。

一本喜欢的书、一支钢笔、一支铅笔、一个精美且轻薄的日记本、一个小巧精致且能拍摄景物至非常清晰的相机。甚或,有些时候,我还会带上手提电脑。

书,是在我出门等待之时所必需的物品。我喜欢在那些时候翻开它,安静地细看。那些文字,或者宁静,或者恬美,或者带着张狂和颓废,美丽地轻舞着。它们,在某些时候,竟然是你心灵最深处的一段放纵。或许,你并不需要将它们写出来或者读出来,就宁愿它们那样静默亦张狂地独自停歇,在那些书籍中。

钢笔,它可以在我有写作欲望的时候,为我写下或是记录下一些静美抑或骨感丰满的句子。我以骨感丰满来形容它所写下、记录下的那些句子。因为,在我看来,那些以钢笔写下来的句子,在你独自一人行于户外之时,确是骨感且丰满的。它们,带着某种凌厉和狂妄,正是你为心里某个时刻正在燃烧的火,或者,亦有可能是一泓水,涟漪或宁静。

铅笔,每每在我取出来的时候,是会以它来绘出一些图画的。看到的一些自认为非常美好的景致,或是物品。也或许,仅仅只是一间房、一棵树、一叶草、一朵花,一块并不规则的石子,亦都是我眼中的美丽。我画下它们,用我的铅笔。然后,这些景物,便也好像有了非常强劲的生命力。我在那刻,

谁的少年，会没有叛逆

总是喜欢那样涂抹修饰它们，似乎，那就是我呀，而我，是在为我自己化妆，化一种美好嫣然的淡妆，并非为吸引诱惑他人，只是，只是为了我自己内心里的欢喜和宁静。

日记本，是轻薄的，美丽的。我在翻开的时候，或者会看到内页某个边角上轻轻绘出的散淡图景，它们，那样清雅且美好。散淡宁谧到似乎就是一片轻浮游移的云朵，或是一弯静夜中独自溢出清辉的月亮。而我每每亦是要在它的身上，写上或者画上一些什么的。那些句子，那些图画，总是我自己分外喜欢也宁愿珍藏的。我写下它们，更画下它们，而那些生活中的美好呀，便从此，一点点，一滴滴地留驻也深藏起来，直到永远。

相机，总会为我摄取许多景致。我喜欢随身携带着它，在树下、在花丛、在草地、在街区、在河边、在山涧，甚或，是在行进的车上。那些时候，我的眼中总是有着美好的。或许浅淡、或许浓郁、或许纷纭、或许寡淡，然而，却也都是些美好。而这些时候，它们，这些浅淡、浓郁、纷纭抑或寡淡，便也都入了我的镜头。我摄下它们，便也摄下了无比丰腴静好的人间。某些时候，我会将它们细看，而此时，那些人间的无限美好呀，便也被我看得清清楚楚，明明白白。

手提电脑，我是喜欢在某些时候拿出来使用的。一些文字，被我非常熟练地敲击上去，而彼时，或者有音乐正袅绕环抱起我。也或者正有香浓的咖啡或是清芬的香茗，陪伴着我。而那些看似平淡朴素的生命之时光呀，便也会被串出一颗颗精美别致的时光之珠，分外美丽亦分外闪光。

我常想，生命的许多时候，皆是需要思考和行动的，而并不仅限于长久的凝固或是喧嚣。更多的时候，我们是要以思考和行动来完成我们人生的不断壮丽或者圆满的。这就像，那个常常被我随身所携带的相机，虽小巧精致，却可以摄出许多人间的纷纭与变幻，亦从此被恒久地珍藏或流传。

思考可以使我们的人生愈加精准也明晰起来。而行动，则可以最大限度地圆满辉煌我们的人生。

我们朝着正确的方向思考，也朝着正确的方向前行。从此，我们的人生呀，也越来越接近于美好的宏图。

第四辑

人间草木

谁的少年，
会没有叛逆

红蓼清秋

认识红蓼是在九岁的时候。

那年秋天，父亲带着我和哥哥去灞河边玩耍。就在灞河边上，我看到了一大片一大片的花儿。

它们吐着穗子，那些穗子，是红红的颜色。然而，那样的一种红，又分明是十分独特的，因为，于年少的我们来说，确是几乎没有看到过那样的一种红。

是红中带紫，又紫中带红的色彩。极小的花朵，密密麻麻地挤在一起，甚是热闹。一串串的，盛放着，既妩媚俏丽，也娇嫩旖旎。

而那时的灞河，水亦十分丰沛。

"那些有着青竹般茎秆，开着一串串紫红色花儿的是些什么呀？"

我记得，我首先问父亲。

"红蓼！"父亲笑着答我。

于是，关于红蓼的记忆，便从此在我心中生发且永存了。

后来读《诗经》，在《诗经·郑风·山有扶苏》中，读到了"山有桥松，湿有游龙，不见子充，乃见狂童"，去问父亲，才知道，"湿"是低的湿地。

读小学四年级的那个暑假，我在美术本上画下了几枝红蓼。它们在我的画笔下仍是长于灞河边的。它们的色彩被我涂上了热烈艳丽的红，模样

第四辑
人间草木

是飘逸也潇洒的,似乎正有一阵秋风,吹将过来,于是,它们那一串串饱满亦鲜艳的花枝呀,便随了秋风,轻轻摇曳。

父亲不经意间看到了我画的红蓼,心细也懂得女儿的他于是知道,知道自己的闺女是喜欢红蓼的。

在一个炎热的夏日午后,我午睡醒来的时候,发现自己的枕边放有一本《唐诗三百首》。当时我只是十分喜欢亦好奇地随便翻看,却也意外地看到了几句描写红蓼的诗句。

"秋波红蓼水,夕照青芜岸""红蓼渡头秋正雨,印沙鸥迹自成行""犹念悲秋更分赐,夹溪红蓼映风蒲",它们分别是白居易、薛昭蕴和杜牧的诗句。

直到现在我还记得,记得自己是将那几句描写红蓼的诗句,抄写在了一个绿色的日记本上。

后来,白居易的"秋波红蓼水,夕照青芜岸"被我烂熟于心。

父亲后来还教给我一句陆游的"老作渔翁犹喜事,数枝红蓼醉清秋"。

这也是我所喜欢的一句关于红蓼的词句了。

陆游说得多好呀!数枝、红蓼……都醉在了清秋中。

然而,仅仅只是数枝红蓼醉在了清秋中吗?当然不是,肯定不是,醉在清秋中的,还有许多如我这样分外喜欢也痴迷于红蓼的人呀!

也于是,我更加喜欢起了清秋。

在秋时,我总是喜欢去往郊外。不仅仅因为郊外空气清新、天高云淡、野花遍地、风景如画,还因为,还因为在郊外的一些浅滩、田埂及沟壑中,会有随处可见的红蓼。

它们盛放于郊外的浅滩、田埂及沟壑中,有着灿若烟霞般的壮美,但也有着寥若晨星般的稀疏。

它们仿佛是喧闹的,但也仿佛是寂寥的。

在一派蓝天白云下,在一派广阔无垠间,我总会为它们而慨叹,更会为它们而描绘。

谁的少年，
会没有叛逆

　　曾经的一个日记本上，竟然描绘下了几十张色泽明艳也旖旎妖娆的红蓼。

　　我惊诧于自己对红蓼的热爱和眷恋，竟然仿佛是对一场初恋般的痴迷和沉醉。

　　前年夏末，陪远道而来的友人去大明宫游玩，也有一大片盛放到极致的红蓼映入了眼帘。

　　抢眼的、惊艳的，它们就是如此热热烈烈、喧喧闹闹地进入了我们的视线。

　　友人桃子并不认得它们就是红蓼。她只是觉得它们是分外美好生动的，亦欢喜迅疾地跑了过去，一张张地，要与那些红蓼合影。

　　"秋波红蓼水，夕照青芜岸。"我随口以这句白居易的诗句来回答了桃子的问题，当桃子问我与她合影的是些什么花的时候。

　　"老作渔翁犹喜事，数枝红蓼醉清秋。"

　　并且，我还补充了一句。我后来又向她描绘了红蓼在清秋中的模样。

　　学名Polygonum orientale的红蓼，为蓼科植物。一年生草本，高可达三米。茎直立，具节，中空。叶两面均有粗毛及腺点。总状花序顶生或腋生，下垂。初秋开淡红色或玫瑰红色小花。生于沟边、河川两岸的草地、沼泽潮湿处。分布于朝鲜、日本、俄罗斯、菲律宾、印度，欧洲和大洋洲也有。

　　红蓼原为野生，因其生长十分迅速，也高大茂盛，且叶绿、花密红艳，适于观赏，因而成为许多人热衷于栽培的植物。听植物园中栽植护理红蓼的专家说："红蓼的栽植对土壤要求并不严格。红蓼不仅喜水而且还耐干旱，适应性很强。也极少会有病虫害，粗放管理即可。红蓼的果实可入药，有活血、止痛、利尿等功效。在夏天有人将它割断、晾干驱蚊蝇，效果不错，只是气味稍微辛辣熏眼睛。"

　　清秋之中，当是有着许多色彩斑斓的美好之花的，然而，却唯独红蓼，不仅模样清秀，色泽鲜艳，姿态洒脱，甚至连名字都这样曼妙。"红蓼"两字，在念起来的时候，仿佛就已满口生香了。

第四辑
人间草木

大明宫太液池畔邂逅的红蓼，愈加使得我眷念起儿时故乡灞河边上的那些红蓼了。

又一个清秋时节，我终于驾车来到了灞河岸边。然而，那些儿时记忆中的艳丽红蓼，却早已经消失不见。

一个人，在灞河岸边漫步，虽然眼界无比宽阔辽远，但是，我知道，我的眼中、心中，却唯有儿时的那片天空。它是属于灞河的，最最原始也最最本真的灞河，还有，还有那些最为生动，也最为嫣然的红蓼。

或许，每个人的记忆中，都有着故乡的印记。故乡的印记中还会有着不止一种的花木，以及小伙伴……我们这一辈子，都会有着分外浓烈的故乡情结。而我的故乡情结中，所出现的那种植物，即是——红蓼！

曾在陕西美术馆中见到过一组红蓼画作。那是一位女画家画笔下的红蓼，曼妙、嫣然、寂寥、孤高、鲜艳、秀丽、旖旎和风情。

是的，在那刻，当我在陕西美术馆中看到那一组红蓼的时候，我真是觉得，那个女画家画笔下的红蓼，它们果真就是曼妙、嫣然、寂寥、孤高、鲜艳、秀丽、旖旎和风情的。

与曼妙、嫣然、鲜艳、秀丽相比，我更加喜欢红蓼的孤高、寂寥、旖旎和风情。

这些红蓼，它们更像是一位女子。然而，却只能是集曼妙、嫣然、鲜艳、秀丽、孤高、寂寥、旖旎和风情于一身的女子。她的孤高、寂寥、旖旎和风情是瞬间征服喜欢也欣赏她的人们的重要法宝。

去成都出差，在杜甫草堂漫步的时候，邂逅了一位江南女子。她并不是我十分喜欢的那种类型。她有着一头齐耳短发，秀发也并不刻意地去染色，只是一味地乌黑浓密着。她穿着十分休闲的运动衣，看起来活力四射。就在我站在一池潋滟湖水边顾影自怜的时候，她也走了过来，并且，她也停下了脚步。她一直在用手机自拍，不停地自拍……那刻，我突然觉得，眼前的这个短发女子，也许和我有着相似的兴趣和爱好。虽然我们的着装风格迥然不同，但是，或许我们就是一类人？

谁的少年，
会没有叛逆

于是，我走过去主动为她拍照。于是，她又主动地为我拍照。也于是，我们成为很好的朋友，一起漫步于杜甫草堂，更一起在成都度过了多半天的时光，直到，直到她赶飞机，需要离开……

2015年9月的一天，她微信发给我几张红蓼的照片。她说，这是我们江南这边的红蓼，知道姐姐会喜欢，所以就拍下来发给姐姐！

是呀，我的确非常非常喜欢红蓼。而这些来自江南的、被我于成都认识的妹妹拍下的那几张红蓼呀，则更是我认为最为美丽的红蓼。

它们的气质中，隐隐约约地氤氲有江南女子的气质。

有点缠绵，亦有点妖娆，在寂寥薄凉的清秋之中。

我和那个江南的短发女子，在成都的杜甫草堂时，已然互称姐妹了。后来一路细聊，果真，她果真与我有着相同的兴趣和爱好。

再后来，我想，我们会成为更加亲密无间的好姐妹。虽然彼此远隔千里万里，但是依旧会纠缠着、牵念着，也会在有些时刻，寂寥和落寞，好像薄凉清秋中的一派红蓼，总会有它眷恋也寂寥的时候。

终朝采绿，不盈一匊。
予发曲局，薄言归沐。
终朝采蓝，不盈一襜。
五日为期，六日不詹。

有些时候，我忽然会在十分想念年少光阴中的那些红蓼时，想起《诗经》中《小雅·采绿》中的这几句来。

而我在想起来的时候，又多么多么想，——自己就是两千年前，青山绿水间，布衣钗裙，心事悠然，采摘染布所需植物的美人呀！而我这位眉目如画、天生丽质、如花似玉，也皓腕素手，采摘染布所需植物的美人，所要采摘的植物，正是曼妙、嫣然、寂寥、孤高、鲜艳、秀丽、旖旎和风情的红蓼。虽然，虽然红蓼尚且并不可以被用作染布……

第四辑
人间草木

柳絮榆钱

早春时节,我想起那些榆钱。

那是孩提时代,我住在外祖母家。在偌大如庄园一样的院落里,有几棵高大又茂盛的树,在早春,它们渐绿起来,接着,在树的枝枝丫丫间,便挂起了许多椭圆形的绿色的"果实"。

那时,外祖母总会笑着对我说:"妞妞,走,咱们打榆钱去。"

那些生在枝丫间的榆钱,并不好打下来。

小脚的外祖母,总会抬头望着那些绿色而层叠的榆钱,然后,笑盈盈地喊:"三娃,三娃……"三娃是个孤儿,早年父母去世,外祖母看他可怜,就收留了他。

毕竟是男孩子,天生就是攀爬高手,只一会儿工夫,三娃即爬上了高大的榆树。为了采到更多更好的榆钱,他干脆坐在树干的枝丫间。

天上的云朵洁白而轻柔,天是蓝莹莹的,有微风轻轻欢拂。高大茂盛的树丫间一个调皮活泼的小男孩,敏捷而快乐地采着榆钱。榆树钱儿,圆又圆,多像一串大铜钱。山娃子,扫榆钱儿,把它种在校门前。春风吹,秋雨洒,榆钱变成树篱笆……坐在枝丫间的三娃一边采榆钱,一边唱着这首儿歌。

榆钱,那些圆圆绿绿的榆钱被外祖母淘洗之后,拌了面粉,再放在笼

谁的少年，
会没有叛逆

屉里蒸熟，一顿香香的榆钱饭就做成了。

每每那时，我和三娃都是万分愉悦的。我们蹦蹦跳跳地在厨房里唱着儿歌。而外祖母，则一刻也不闲地为我们做着好吃的榆钱饭。那时的外祖母年事已高，头发虽然在脑后绾成一个髻子，可，那灰白的发依旧清晰可见。给灶膛里添柴火，围着灶台忙碌……大片大片的热气氤氲起年迈的外祖母……年幼的我，那时觉得外祖母真的好美啊，虽然她的腰身已不再挺拔，面容已不再柔嫩，可，氤氲的热气中，午后的春阳中，她真的好美好美。

多年后的又一个早春，我再次看到了满树的榆钱，它们正密密匝匝地长在大若华盖的榆钱树上，天空依旧晴朗，云儿悠悠，可是，我的外祖母已不在身边。

很想再吃外祖母做的榆钱饭，也很想再回到那段艰苦而欢快的儿时岁月。可，一切终究是回不来了。

早春的清风很温和，一如外祖母的手，轻抚过我的秀发，而晴朗美丽的天空，在我抬头的瞬间，恰好飞过一群鸟雀。它们咿咿呀呀地自由翱翔……

我的眼前一片模糊。我知道，这些年，我童年的榆钱，还有我最爱的外祖母，真的真的都不曾离去。

我也终于知道——当年，我眼中的外祖母为何那般美丽？

香香的榆钱饭似乎还在嘴边，记忆中的那片美好，也真的未曾走远。

又是一季春来到，柳絮满天飘。
暖风轻扬桃花红了，榆钱串上了梢。
是谁碰碎了翡翠桥，染绿了小村庄。
牧童换上了新衣裳，黄鹂也笑弯了腰。
江南就是梦里梦外，又岂止是三春。
塞上风云隔水相眷，疑是故人来。
昨日的黄花旧时容颜，怎不忆江南。
醉依桃红泣别离，生在尘缘外。

第四辑 人间草木

当我再次听到陈红的这首《小桃红》时,我愈加想念我的外祖母了……

这是我记忆中一段关乎榆钱,更关乎外祖母的故事。

一年四季,轻轻浅浅的流光疾逝中,外祖母离开我们已经好多年了。然而,我仍旧会时常想起她。

因而我确信,每个人的生命时光中,总会有十分难忘的人和事留驻于我们的心海。记忆中,他们仍旧会是那时的模样,温暖也幸福着我们的流年。

春来春又去。春去了,又会再次地到来。

每年的早春,小草发芽了,枝条吐绿了,那些分外嫩绿幼小的芽儿生发出来,春天的脚步,一点点,一点点地靠近了。

而每每此时,每每柳絮轻扬翻飞,榆钱也长大的时候,便也是我最最思念外祖母的时候。

每年的彼时,我亦会为自己安排一整天的时间,开车去郊外。

在那里,我不需要任何人的陪伴,我只是想要将自己独自"流放"。

北国之春,虽没有南国的十分妖娆和嫣然,但也有着它开阔壮丽的一面。

那时候,我独自一人,对着眼前的一派春色,沉溺也怀念。

那些杏花、梨花、桃花,皆争奇斗艳地盛开着。虽然枝头已然俏丽出无限的旖旎和绚丽,但是它们仍旧抢着、争着,还要再旖旎,更绚丽。

而那时,我的眼前,柳絮早已飞扬而起,它们轻盈妩媚也洒脱的模样,亦总会让我想起自己的锦瑟年华。

那些年少的光阴,那些年少光阴中写满青春和朝气的面庞,那些少年的奔跑,以及些许的羞涩呀……它们都已经远去了。然而,在偶然想起的时候,它们却又仿佛就在眼前。

于是,我知道,生命中的一些记忆呀,其实并不会走远消失。

纵使流光再怎么飞逝,纵使岁月再怎么蹉跎,它们,也仍旧会是我心头的最美和最好。我会一直都记得它们。

天空蔚蓝,云朵素白。绿树红花间,有着一个女子,她独步,她微笑,

谁的少年，会没有叛逆

她沉思，她怅惘，她怀想……

几棵高大的榆树前，她静静地站立，然后，也伸出纤细的手指来，轻轻触摸那枝丫上的榆钱。

榆钱在那刻，已然密密麻麻成一串串，于是，仿佛记忆中的所有美好都被串了起来，成为一幅幅的绝美风景。

"帘幕风轻双语燕。午醉醒来，柳絮飞撩乱。心事一春犹未见。余花落尽青苔院。百尺朱楼闲倚遍。薄雨浓云，抵死遮人面。消息未知归早晚。斜阳只送平波远。"

"江头疏雨轻烟。寒食落花天。翻红坠素，残霞暗锦，一段凄然。惆怅东君堪恨处，也不念、冷落尊前。那堪更看，漫空相趁，柳絮榆钱。"

于是，便有了一个声音，在轻吟着宋人晏殊的《蝶恋花》和陆游的《极相思·江头疏雨轻烟》。

尔后，那些美好的光阴，便也再次，再次地回放于眼前。

第四辑
人间草木

世世合欢

  每年夏初,便是西安粉巷最美的时节。住在西门里的我,不想错过这个季节,总会在每天的忙碌之余,走出门去,也必会选定粉巷这唯一的路线,无论是去南大街还是去钟楼或者南门。

  最喜欢粉巷夏初时节的独美景致。

  在粉巷街道两旁,植满了美丽的合欢树。给人以友好之象征的合欢树不仅花美,形似绒球,清香袭人。而且叶奇,日出而开,日落而合。它的花叶清奇,绿荫如伞,是西安粉巷最美丽的观赏树。在合欢树开花的时节,倘若你穿越粉巷,将是绝对的快乐收获。那些合欢树似在夹道欢迎你一般——粉红色的花朵,粉粉又柔柔,像一把把小小的扇子挂满了枝头,还带着丝丝缕缕淡淡的香气。

  我是极喜欢花的女子,尤其喜欢粉巷街头的合欢花。

  可是,某次傍晚时分闲逛,我备感忧伤,因为,再去看那满树招摇着的粉色小扇子,却都羞答答地闭合了。

  住在粉巷街口的老大妈,大概是看出了我的感伤和难过,便走过来,用淡淡的又分外温软的南方话为我讲述了一段凄美动人的有关合欢树的爱情故事。这合欢树最早叫苦情树,并不开花。相传,有个秀才寒窗苦读十年,准备进京赶考。临行时,妻子粉扇指着窗前的那棵苦情树对他说:"夫

谁的少年,
会没有叛逆

君此去,必能高中。只是京城乱花迷眼,切莫忘了回家的路!"秀才应诺而去,却从此杳无音信。粉扇在家里盼了又盼,等了又等,青丝变白发,也没等回丈夫的身影。在生命尽头即将到来的时候,粉扇拖着病弱的身体,挣扎着来到那株印证她和丈夫誓言的苦情树前,用生命发下重誓:"如果丈夫变心,从今往后,让这苦情开花,夫为叶,我为花,花不老,叶不落,一生不同心,世世夜欢合!"说罢,气绝身亡。第二年,所有的苦情树果真都开了花,粉柔柔的,像一把把小小的扇子挂满了枝头,还带着一股淡淡的香气。从那时开始,苦情树所有的叶子居然也是随着花开花谢而晨展暮合。人们为了纪念粉扇的痴情,也就把苦情树改名为合欢树了……

若是天落绵绵细雨的日子,倘或再漫步于粉巷,漫步于合欢树下,那么,想必你会有怀念追忆逝去流光的怅惘和忧伤。

是呀是呀,美丽也妖娆的合欢花啊,它们真真就好像是那氤氲于心间的陈年往事,关乎爱情,关乎美好,更关乎令人心碎的感伤。

站在合欢树下,仰头去看合欢树干合欢花的时候,会十分享受那一树树漾动着粉红色的朦胧。在细细的雨丝中,粉色的合欢花儿好似微微濡湿了的古代女子的面庞,那些粉红便是她们白皙面庞上的一抹胭脂,给人以美丽、温柔也妩媚的感觉。

如此美丽、温柔亦妩媚的感觉,很容易让人想起东汉《古诗十九首》中"青青河畔草""娥娥红粉妆""纤纤出素手"等美妙诗句。

氤氤氲氲的细密雨丝,有了那么一点江南的味道,而在这样的绵绵雨丝中,身旁又伴有棵棵合欢树,一切都如此地适合怀想和怅惘,淡淡的忧伤轻笼上心头,就在如此适合怀念痴想一段往事、一个人的时候。那些陈年的往事,那些锦瑟的年华,那些欢声和笑语,也都一并,齐齐地洇染开来,就在一些弥漫有旧光阴味道的阴雨天里。

一生同心,世世合欢。

粉艳艳,亦有些招摇的爱情花——合欢花呀,似乎就在诉说着《诗经》"邶风"里的《击鼓》篇。而彼时,在细雨中,你必定会轻声吟诵《诗经》

第四辑 人间草木

"邶风"里《击鼓》篇中的句子——"死生契阔，与子成说。执子之手，与子偕老。"于是，蓦然间，便泪湿眼眶了。

这个世间，又有多少爱情会是永恒？

人生若只如初见，何事秋风悲画扇？

等闲变却故人心，却道故人心易变。

骊山语罢清宵半，泪雨零铃终不怨。

何如薄幸锦衣郎，比翼连枝当日愿。

初次相遇的时候，一切都是美好的。所有的时光，都是快乐的。即使偶有一些不如意的地方，也甘心消受，因为抱着憧憬，所以相信一切只会越来越好。所有的困难，都是微不足道，漫天的星辰，都在你面前失色，我的世界没有我，全部是你。

大约任是谁都会被清初第一词人纳兰性德的美好词句所感染吧？更难忘他"人生若只如初见"的真挚情怀，亦会为他的英年早逝而心生慨叹……几许苍凉、几许感伤、几许怅惘全部流诸笔端。

纳兰性德的词早已跨越时空，三百多年来回音不绝。

而这位清初第一词人纳兰性德更是为后人留下了描写合欢的美丽词句。

惆怅彩云飞，碧落知何许？

不见合欢花，空倚相思树。

这是纳兰性德在《生查子》中的词句。

关于合欢花，纳兰性德还留有另一首诗。

阶前双夜合，枝叶敷花容。

疏密共晴雨，卷舒因晦明。

影随筠箔乱，香杂水沉生。

对此能销忿，旋移迎小楹。

这首《夜合花》是纳兰性德留在人间的最后一首诗。此后不久，纳兰性德就患了一场大病，七天之后便不治而亡。

在一个草长莺飞、繁花似锦的晴朗春日，我独自一人来到了宋庆龄故

谁的少年，
会没有叛逆

居（北京醇亲王府）。在南楼前，我看到了那两棵由纳兰性德亲手栽种的合欢树。历史的车轮虽然已经碾过了三百多年，但是那两棵合欢树依旧枝繁叶茂。

北京湛蓝的天空下，宋庆龄故居的南楼前，那两棵由纳兰性德亲手栽种的合欢树上，有数不清的粉色合欢花随了春风轻轻舞动，如一把把精巧别致的小扇子，亦招摇，更妩媚。

就在我一边观赏那两棵合欢树的时候，就在我一边慨叹早逝的纳兰性德的时候，恰巧有朵粉艳艳的合欢花随风飘落，就落在了我的身上。

那刻，我想，或许是我于合欢花，于纳兰性德的眷爱感动了这个春天吧？才会有如此妩媚旖旎的合欢花儿，随风飘落到我的身上……

合欢花亦是一种神奇之花，它不但能安五脏，还能和心志。

曹雪芹在《红楼梦》第三十八回里所描写的黛玉在吃过螃蟹后心口微痛，便是以合欢花浸泡的酒为其疗愈的。

多愁善感亦纤弱多病的林黛玉吃过螃蟹后感觉心口微痛，喝几口用合欢花浸泡的烧酒，再好不过。

一位来自湖南的朋友，在我带她去西安粉巷游玩时，她亦是惊讶这条街道的美丽和时尚。街道两侧，那些粉色形如小扇子一样的合欢花挂满枝头，而从这条街上经过的年轻女子们，一个个宛若仙子，往来不断，一时间便使经过这里的游人看尽了西安城满目风姿迥异的美女。朋友笑着说："西安的粉巷有一种别致的美：古朴的建筑与青春时尚完美相融，又与街道两旁的这些粉色妖娆的合欢花相映成趣，真是一道风情无限且养眼又润心的美景啊！"

那天，开车路过高新区，就在我等待红灯的那刻，忽然，我的眼前一片绚丽，也有更多的惊艳。呀，合欢树，合欢花……是的，这条街道上，也栽植了许多美丽的合欢树呀。

其实，这些年伴随着城市美化、绿化的加快，古城西安也越来越美丽。很多社区、街道都种植了许多有名或无名的花木，给城市四季增添了更多

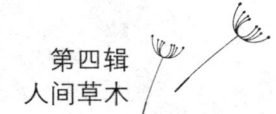

的生鲜美艳。

　　初夏的风轻柔地吹着，再次漫步于粉巷街头，我再看到这一棵棵美丽的合欢树，便也再次地停住了脚步。在清风中，那些合欢花的淡淡清香漫入我的鼻孔，而那个关于合欢树的凄美传说，也再次环绕于耳畔。陶醉也迷醉于淡雅清香和动人传说中的我，那刻便想，这合欢树在欢乐的名誉之下所承受的苦难过于沉重，而这世间的一切美好，其实大都是人们的美好愿景，由凄美的灵魂所支撑的希望形象而已。希望更多喜欢西安粉巷、喜欢粉巷合欢花的人们，都能从粉色合欢花中感受古城西安更多的美丽，而淡忘那关于合欢树的凄美传说。

谁的少年，
会没有叛逆

木棉花开

大三那年，我做过一件堪称疯狂的事。

那就是——寻找木棉。

木棉又名红棉、英雄树、攀枝花、斑芝棉、攀枝，属木棉科。原产印度的木棉是落叶大乔木，树干基部密生榴刺，以防止动物的侵入。木棉外观多变化，春天一树橙红，夏天绿叶成荫，秋天枝叶萧瑟，冬天秃枝寒树。

一年四季，木棉皆以其不同的姿态呈现，但都美好而独特。

木棉花大而美，树姿巍峨，是很好的庭院观赏树和行道树。

这些，就是那时我于木棉的一点了解。

然而，提及寻找木棉这件疯狂的事情，其实，也只不过是源于我对一篇小说的热爱罢了。

小说的题目早就记不得了，只记得故事梗概。一对青年男女的恋爱，始于美丽的木棉树下。那是南国的早春，只是一次偶然的邂逅，却最终发展为一段刻骨铭心的爱恋。然而，小说的结局并不那么圆满。男主人公发生意外，永远地告别了心爱的女孩。因为他们相遇相识于美丽的木棉树下，于是，女主人公就把私订终身，但已离世的男孩连同那美丽的木棉一并植入心房……每当想念他的时候，便去看望那株木棉。每每站在树姿巍峨的木棉下，清风轻轻拂动，她便会产生一种美丽的幻觉，仿佛已然离世的男友，就在身边，陪伴着她……继而，便是甜蜜和幸福，以及更多的感伤和痛楚。

因了这篇小说，我也爱上了木棉。

然而，木棉始终都只能是一种传说，带着想象中浓郁的梦幻色彩。至少，在我真正见到木棉之前。

生于北国的我，自然难以见到木棉了。但是，北国的我，却并不肯停止对木棉的想象。

于是，一场寻找木棉的行动，便于大三那年，拉开了序幕。

那个寒假，我没有回家。

年关临近，校园中显现出少有的冷瑟和清净。给母亲打了长途电话，说不回家过年了。听到母亲在电话的那头，声音沙哑着叮嘱："回不来就算了，记得要照顾好自己。过年的时候，一个人也要吃好点……"

母亲沙哑的声音中夹杂有淡淡的忧伤，我自然听得出来，然而，我仍旧有些冷漠地决定——还是不回家！

知道广州会有美丽的木棉，于是，便在大年初一的那天，踏上了开往广州的列车。

在靠窗的座位上坐下来的时候，对面一位和蔼可亲的阿姨递给我一把奶糖。她说："是要回广州过春节吗？"

"哦，不，我是去广州寻找木棉。"

我笑着这样说的时候，阿姨的神情明显有了愕然。

春节期间的广州，因为太多人都赶回老家过年而些微冷清。

在天河区的沙河、林和以及黄村，我都问了路遇的市民。

"请问，广州哪里的木棉最美丽？"

"荔湾湖公园啦！"好几个市民都说那里的木棉最美丽。

那么，就去荔湾湖公园吧！

那时候，智能手机还没有上市，网络也不是很发达。所以，更多的时候，也只能是靠着询问路人，才能找到想要去往的地方，特别是在一个人生地不熟的陌生城市。

谁的少年，
会没有叛逆

有人告诉我，从广州火车站乘坐地铁五号线，大约经过三站，到达中山八站，出地铁站步行不到五百米，即可到达荔湾湖公园。

于是，我依照他告诉我的这条路线，果真很快就找到了荔湾湖公园。

独自一人，漫步在南国的荔湾湖公园，眼中美景自不必说。然而，心里涌动更多的则是对家乡和亲人的思念。

美丽的荔湾湖公园，游人极少，偶有泛舟者发出朗然的笑声。

还未进入春日，而南国的这里，却好像北国的早春般温暖。阳光极好地照耀着，温暖、明亮更辉映出一派无限曼妙的景致。

看到了高大亦魁伟的荔枝树和我喜欢的榕树。细叶榕似乎苍老到可以令人驻足而为其默然垂泪。极喜欢的是那些细叶榕的姿态，庄重而又几近苍老。细叶榕拥有广阔而浓密的树冠。而我最喜欢的则是它那无数纤细成流苏状的根。它们一根根地垂下来，仿佛女人编了一头细细长长的发辫儿。

在湖畔找到几株木棉时，长途跋涉的疲累已荡然无存。

蓝天白云下，有轻微的风儿吹过，于是，木棉的枝丫呀，便轻柔漾动。那样子，好像在欢迎我的到来一样。

莫非我们在前世就有着某种缘分？或者，它就是我的前生？

是什么样的冲动，驱使我不远万里，来到木棉树下，只为静静聆听也细细观赏？难道，难道仅仅只是一篇小说吗？小说的力量虽大，然而我想，更主要的还是我与木棉之间的缘分。

夏天绿叶成荫，秋天枝叶萧瑟，冬天秃枝寒树，我都不曾见到。而这刻，虽然还不是早春时节，但是，我仿佛看到了木棉的一树橙红……

描写木棉的古诗词中，我最喜欢的是彭羡门的《广州竹枝词》：

木棉花上鹧鸪啼，
木棉花下牵郎衣。
欲行未行不忍别，
落红没尽郎马蹄。

十年后的一个春天，收看电视新闻，看到了令我激动的几个画面。

第四辑
人间草木

广州越秀区某条路的路边,木棉花开满了枝头,像是云奔赴一场春天的约会。许多人在摁动相机的快门!是呀,这一刻的美丽和生动,是要让它们永远定格下来的!

我必须是你近旁的一株木棉,
作为树的形象和你站在一起。
根,紧握在地下;
叶,相触在云里。
每一阵风过,
我们都互相致意,
……

舒婷《致橡树》中的句子更增加了我对木棉的深爱。

后来我常想,春日南国的木棉,开出一派橙红的色泽,烈艳艳地,像是去奔赴一场约会。而它们所要奔赴的不仅仅是一场春天的约会,更是,更是一场爱情的约会。

则,小说中的爱情,又怎会发生在春日美丽的木棉树下?

谁的少年，
会没有叛逆

眷恋桐花

桐花走的时候，我忽然非常感伤。

是分外地舍不得它们。

总是忙忙碌碌，总是没有更多时间去静静观赏它们，而它们的花期竟然如此短暂。

仿佛，昨天，它们还娇羞着，粉嫩着，可是，才几天，它们的美好就全都凋零了。

那天，路过一个路口，忽然，就被地面上纷落着的一些桐花给感伤了。

彼时，它们正默然地躺在地面上，午后的阳光很慵懒地洒落下来。那是金子一般的阳光，亮闪闪的，一点点地被桐树的叶子斑驳下来。于是，这些阳光便分外灵动起来。它们闪闪烁烁，将最美好的自己洒落地面，而那些桐花，那刻，亦是在享受那些斑驳了的阳光吧？

因为那样斑驳的阳光，我愈加感伤起来。

总是不忍看到美丽的花朵忽然之间就凋零。而那刻，在我看到美丽桐花也纷纷凋零的那刻，心里更是异常忧伤。

我蹲下来，拾起一朵桐花来。它的色泽显然已经不那么鲜艳，甚至，它的如喇叭一样的裙衫亦有了些微的褶皱，但是，我依然可以嗅到它身体里散发出来的淡淡馨香。

那刻，我在想，又有多少喜花的人，会如我一样，面对一些艳丽，一些凋零，兀自忧伤？

桐花走了，就在初夏。

再看到桐树，已是枝繁叶茂。而那些阳光，依旧斑驳着，点点洒落下来。而那些闪烁着金子一般光泽的阳光啊，仍旧再次刺伤着我的眼眸。

当眼泪滴落的时候，我眷恋桐花的情愫也愈加绵密悠长……

每年的暮春，住在西门里的我便会独自漫步于一派春光中，我是在感受春天，更是在寻觅桐花。

随着城市的不断扩大，一些古老的街道也被陆续改造。而那些生长于老街中的古树，比如桐树、榆树，便也少了许多。

于是，在古城西安，若是能够在春日里，邂逅一棵缀满淡紫色桐花的桐树，或是邂逅一棵挂满榆钱的榆树……便必定是许多人都会感觉快乐幸福的事情了。

就好像，我在某个暮春独自漫步的时候一样。

那日，也是一如往常那样独自漫步，也是在欣赏感受北国壮美缤纷的春日。然而，却突然就邂逅了一树桐花。

我的脚步，游走于西安城的古老城墙下。当我快要到达含光门的时候，却忽然就被"惊艳"了。

是的，我想是的。唯有"惊艳"一词，可以匹配我其时的邂逅，以及那刻的心情。

那是少年时光中，春日里常常会看到的一棵树呀！

它高大葳蕤，也挺拔安静。然而，最令我心动的是它的妖娆和旖旎。

可不是？

一朵朵的花儿，呈喇叭的模样，那是我们年少时光中喜欢也常常会吹起的喇叭？

浅淡的紫色，亦会给我们无尽的遐想和浪漫。

少时的思绪翩飞起来，穿越了碧海蓝天，也翻越了崇山峻岭，直到想

谁的少年，
会没有叛逆

象中更加辽远也壮美，更加阔大也旖旎的美好之地。

许多美好、许多梦想、许多浪漫……可不，可不都是眼前这些浅淡紫色，也像极了一个个精致小喇叭的桐花，它们所带给我们的吗？

于是，我怎能不心怀激动，又怎能不被它们所"惊艳"呢？

静静驻足于高大美丽的桐树之下，思绪也飞回到了少时的光阴。

某年春天，和姐姐一起去舅舅家，就在经过一个村庄的时候，我看到了一树树的桐花。

那只是个小小的村庄而已，大约也就十几户人家吧。那样的小小村庄，即便是在春光无限好的时节里，也是会显出寂寥的宁静。

然而，小小的我，却是喜欢那样的寂寥和宁静的。

更何况，我后来，还看到了一树树静好美丽的桐花。

它们芬芳旖旎，好似吹起的一个个淡紫色的喇叭。

它们就那样分外安静美好地坐在树丫枝头，安分自在地吹着自己的小小喇叭。

几缕春风吹过，忽而，便有了飘落下来的浅紫色小喇叭。

几个小喇叭落在地面上，亦有两个分别落在我的头上和我恰好张开来的手掌中。

于是，在那个清寂也美好的春天，我和姐姐，便在那寂寥宁静的小小村庄，便在那一树树的桐花面前，久久地流连，再流连。

我们先是吹起了落于我头上和手掌中的那两个小喇叭。

没有想到的是，竟然是清甜的。

对，它们的确是分外清甜的。在后来的某天，才终于知道，我们是在吹起小喇叭样的桐花的时候，吸到了桐花的花蕊，而桐花的花蕊中，即藏有许多滋味清甜的花粉。

再后来，每到春天，我便会邀上几个小伙伴，一起去寻觅那美丽更妖娆雅静的一树树桐花。

小伙伴们一起仰头看着那一树树桐花，看它们在春的天空中，绽开小

第四辑 人间草木

喇叭样的淡紫色裙儿。

然后,有几缕轻盈的春风吹过。于是,便有了一幅幅美如油画的春日图景。

几棵高大葳蕤的桐树下,是几个或仰头,或弯腰,或吸食,或噘嘴轻吹的小家伙……绿树、紫花、红衣、绿衣、黄衣、蓝衣、紫衣、碎花衣……呃,当然,当然还有她们欢快幸福的朗朗笑声。

那笑声,穿越了春日的蓝天和白云,也穿越了经年的时空,而今,每个春天里,它们又都飞到了我的耳畔,萦绕着、纠缠着、荡漾着,始终不肯离去……

在许多年之后的某个春天,当我在异乡旅行的时候,当我突然再与那几棵甚至一棵桐树相遇的时候,我仍旧会感怀和眷恋。

脚步徜徉,心怀留恋,我怎能,怎能不为眼前这样美好馨香的桐花所激动更感动呢?

如果,每个人的童年中,都有着几棵难忘树木的话,那么,桐树便是我童年光阴中难以忘怀的一棵了。

古城的冬天,漫长而寒冷。一个人独自漫步的时候,我仍旧会不由自主地来到含光门里的那棵桐树下。

彼时的桐树,显得落寞而肃静。它伫立的姿态,一派飒然。

北风呼啸,雪花飘飞,我冷得裹紧了围巾,然而,我仍旧不愿离去。我只想多些时间,陪伴在这棵桐树的身旁。

虽然天气寒冷,但是我知道,温暖的春天就快要到来了。而那时,这棵桐树上,依旧会缀满许多浅紫色的,形如喇叭的花朵。蜜蜂蝴蝶翩跹飞来,它们或者栖落,或者舞蹈,也嗡嗡嘤嘤地唱着欢快的歌儿……而我,则会静静地欣赏那朵朵美丽的桐花,就站在这棵高大安静的桐树之下。

春招细雨落千家, 推窗只见满桐花。

春雨轻落的夜晚,我做梦,梦见自己在清晨推开窗户的时候,看见了窗外那满树丫的桐花。

谁的少年，
会没有叛逆

它们寂寂然也芬芬然的样子，是我最喜欢的模样。

细细的春雨斜斜地织了过来，然后，那一树的桐花，竟更俏丽芳香如略施脂粉的俏女子了……而我，则会眷恋它们，永远，永远！

第四辑
人间草木

心若兰兮

前阵子刚刚养的花有些蔫萎了,很没精打采的样子。

是株什么花?我也不知道。

那花,是老公拿回家的。

当时下班回家,看到他把刚刚剪来的花放在地板上,心里就为那仅有绿叶的花独自孤单躺落而忧心。

我,其实是爱花之人,也曾不止一次地设想将来若有时间会养很多花。屋子里,露台上,尽是些我喜欢的花儿,或者开些浅淡而并不娇艳的花朵,或者只有绿色的叶儿,却能够把新绿和生机在每天的任何时间都带给我,真好。

想起许多。

小学的时候,住中学的筒子楼,条件相当简陋,可是,每每都会有花儿绽放在楼道里。

那些花儿是父亲养的,红的、黄的、紫的、蓝的,甚至还有墨绿的颜色,在一年之中的某个季节中悠然着绽放,然后,吐露出淡淡的幽香,把简陋的筒子楼弥漫得异常馨香。

而我们,就在那样的环境中,读书或者写字。

偶尔,父亲还会把刚刚买来的书籍拿过来,给我们一段一段地讲解。

谁的少年，会没有叛逆

唐诗宋词或者是名著之类的，常常听得我们忘记了时间。有些时候，父亲会从书店里买回最新的绘画书，送给我，微笑着鼓励我……

很多年过去了，许多记忆都在岁月的流逝中一点点地消失着，而父亲给予我们的许多美好的或者温暖的记忆，却一再地唤起我沉睡的心房。

父亲那些年养育的花儿，有很多很多。

有的被父亲送给了不同的老师或者学生。

有一盆花，父亲却始终舍不得送人。

那是兰花。我忽然就想起了那盆花。

长长的茎叶，绿得很好看，然后，在某天的夜里，它还会突然开花。

父亲特别喜爱那盆兰花，总是对它加倍地呵护。

记得一次问到父亲那是什么花，父亲这样说道——

梅，剪雪裁冰，一身傲骨；

兰，空谷幽香，孤芳自赏；

竹，筛风弄月，潇洒一生；

菊，凌霜自行，不趋炎势。

梅、兰、竹、菊，号称花中四君子。四君子并非浪得虚名，确实各有其特色。然而，花之四君子中唯有幽兰在深处，终日自清芬……父亲后来还对我讲。

流年中，我想起很多，感动也满满地驿动于心中。

很想念父亲，在今天。

然后忽然又很想念父亲早年养过的那盆兰花，关于它的后来，我的记忆已经模糊不堪了。

读大学的时候，我曾去市里最大的花卉市场淘回一盆兰花。

一路踩着单车，兴奋激动更欢喜地载着它回宿舍，人都好像在吃一颗甜蜜蜜的糖果似的，也一路欢唱着邓丽君的《甜蜜蜜》。

那盆花市淘来的兰花被我放置在宿舍的窗台上，也总能闻得到它的幽然清香。

第四辑
人间草木

　　某个静夜，我醒来，那缕缕清幽淡然的香气就会袅绕弥散过来，然后，我便仿佛看到了慈祥善良的父亲，更有多年前的一些美好记忆，再次闪现。

　　我大学的宿舍共住有六人，大家都分外喜欢那盆兰花。

　　我上铺的樱子甚至对我讲起了她和她的家人对兰花的痴迷。

　　樱子说，他们一家对兰花的痴迷要源自祖辈了。樱子的外公一生痴迷于兰花，栽植了几盆兰花。后来，她的父亲、母亲，以及她和她的弟弟也都痴迷上了兰花。他们也是不仅仅喜欢兰花的幽香气味，更喜欢兰花的气质，以及它的淡泊和高雅。

　　工作后，我也养育了兰花。

　　甚至，直到现在，那盆兰花都一直伴随在我的身旁。

　　在我工作、在我学习，也在我的生活当中，无时无刻都有着兰的身影。

　　随着年岁的渐长，我亦渐渐地明白了父亲对我的教导。

　　淡泊、高雅、美好、高洁、贤德是兰的品格。而父亲，不正是希望我做个如兰一般高雅美好的女子吗？

　　兰花风姿素雅，花容端庄，幽香清远，历来作为高尚人格的象征。诗人屈原极爱兰花，在他的不朽之作《离骚》中，就有多处咏兰的佳句。

　　幽兰生前庭，含薰待清风。

　　兰花被誉为"花中君子""王者之香"。对于中国人来说，兰花还有民族上的深沉意义。在中国传统四君子梅、兰、竹、菊中，和梅的孤绝、菊的风霜、竹的气节不同，兰花象征了一种知识分子的气质，以及一个民族的内敛风华。因此对于兰花，中国人可以说有着根深蒂固的民族感情与性格认同。

　　兰花，那飘逸俊芳、绰约多姿的叶片，高洁淡雅、神韵兼备的花朵，纯正幽远、沁人肺腑的香味自古以来备受人们喜爱。所以，在中国传统文化中，养兰、赏兰、绘兰、写兰，一直是人们陶冶情操、修身养性的重要途径。被誉为"国香""王者香"的中国兰花成了高雅文化的最好代表。

　　国人亦通常以"兰章"喻诗文之美，以"兰交"喻友谊之真。也有借

谁的少年，
会没有叛逆

兰来表达纯洁的爱情，"气如兰兮长不改，心若兰兮终不移""寻得幽兰报知己，一枝聊赠梦潇湘"。1985年5月，兰花被评为中国十大名花之四。

学名Cymbidium ssp的兰花，属附生或地生草本，叶数枚至多枚，通常生于假鳞茎基部或下部节上，二列，带状或罕有倒披针形至狭椭圆形，基部一般有宽阔的鞘并围抱假鳞茎，有关节。总状花序具数花或多花，颜色有白、纯白、白绿、黄绿、淡黄、淡黄褐、黄、红、青、紫。

"芷兰生于深林，不以无人不芳；君子修道立德，不为穷困而改节。"这是孔子在《孔子家语·在厄》中的话语，亦可作为父亲寄予我的期望。

而今，我的人生已然过去了一小半，我亦是做到了如兰般淡泊、高雅、美好和高洁。

身为人母，我也时常教导自己的女儿，要像兰花那样，生于深林，却不以无人不芳；君子修道立德，不为穷困而改节。

而香气幽然的兰花呀，也备受我们一家人的宠爱。

我们悉心呵护着它，也期望它会一直都淡雅清香，永远美好。

"绿叶淡花自芬芳，深山庭院抱幽香。惠质不堪逐流水，露华何妨润愁肠。何人轻步踏小径，几杯残酒倾三江。怜花还需解花语，花魂诗魄传潇湘。"

姑且用这首古诗作结吧，献给曾经的兰花，也献给亲爱的父亲。

第四辑
人间草木

茉莉时光

天下之花,太多馨香,而我,却独独喜爱茉莉的清香。

因为喜爱,因为贪恋,喜爱贪恋着茉莉的清香,所以,一年四季,在我的书桌前,都会珍存有一瓶茉莉花儿。

许多时候,我读书或是写字,都要泡上一杯。

洁净透明的玻璃杯中,放上几朵茉莉花儿,然后,将滚开后的热水倒入杯中。彼时,便是我最幸福快乐的时光了。

可不是?

你瞧,你瞧呀!那几朵茉莉花儿,在滚开热水的冲泡下,渐次地舒展开来。它们的花瓣儿,一点点地张开,好似刚刚睡醒的美人,娇媚之中有着几许清秀和旖旎,但更妩媚诱惑。浓郁也浅淡到极为适宜的香气袅绕氤氲开来,于是,我便也是真醉,真醉了!

因为有着茉莉的陪伴,我的心便也愈加地清净了下来,再读书,再写字,似乎记忆力和思绪也都更加强盛和飞扬起来。

也于是,我仿佛是插上了翅膀的鸟儿,飞跃而起,蓝天白云间、绿柳依依间、清风细雨间……我飞呀飞,思绪,怎么都停止不下来。那是驰骋的马匹,亦是放飞的风筝。

一直都想要的天马行空,关乎写字时候的天马行空,终于是有了。

谁的少年，
会没有叛逆

并且，如此自由更无羁。

然而，却也都是来自于——茉莉！

这时候，也在后来的许多时候，仍旧会想起茉莉，以及关乎茉莉的许多许多。

一朵洁白芬芳的茉莉花，寂静也淡然地绽放于绿叶枝头。仿佛，它并不肯与世界相争。

是的，争什么呢？于茉莉。

它不争，真的不争。

素白雅静的茉莉花呀，它总是静谧、美好也恬然的。

这不禁让我想起《红楼梦》中的迎春。

迎春总是沉静的、温柔的，她素来与世无争，恰好一朵洁净恬然也美丽的茉莉。

常常，我会想象这样的一个场景。

——阳光温暖旖旎的午后，有清秀恬然的女子，静静地坐在花树下，是在绣着一个素雅美好的荷包。白的色泽，精巧雅致的造型，正似那洁净芬芳的茉莉。一针一线的细绣中，有花香或浓郁或淡然地氤氲轻漫，亦染了她的素手和秀发缕缕芳香。

有些女子，就是像极了茉莉的。静寂的、优雅的、淡然的，亦是端然和从容的。她们即便没有言语，只是那静静站立的模样，也会给人一种茉莉般的美好和清香。

茉莉给人的印象，总是江南的，有着十分灵秀雅静的气质，更清婉柔媚，气味芬芳。

然而，茉莉并非只在江南一带生长。在中国的福建及两广一带，有着更多的茉莉。

而据《群芳谱》记载："原出波斯，移植南海。丹铅录云，北土名柰，晋书都人簪柰花是也，则此花入中国久矣。"

茉莉原是早已入了中国。

第四辑
人间草木

"耶悉茗花（素馨）、末利花，皆胡人自西国移植至南海，南人怜其芳香，竞植之。"《南方草木状》中如是记载。

李渔在《闲情偶记》中曾写道："是花蒂上皆无孔，比独有孔。""茉莉一花，单为助妆而设，其天生以媚妇人者乎。"

细细去看，茉莉花的花蒂上恰好有个孔，也所以，古人会用丝线将茉莉花串成球……大约是要戴在女子的皓腕之上，或者是用作女子的其他装饰？

我的女友菲儿，是个十分爱美的女子。

她最喜欢在发间插上花朵。见过她拍摄的写真照，有几张就是在发间插上了茉莉的。洁白小朵的茉莉，很随意地插在她的秀发间。她一袭白色纱裙，眉目如画、冰肌玉骨，亦娇小玲珑、千娇百媚，仿如天人。

后来和她聊起茉莉，她笑着说："我最喜欢的花儿就是茉莉了。为了它，我曾六下江南。然而，还是觉得不够过瘾，后来又去了广东和福建，只为更加彻底地细赏茉莉！"

我亦是个喜花的女子，这一生，唯愿能够有一庭院，那时，会为自己栽植许多喜欢的花草树木。一年四季，属于我的庭院呀，期望都会有并不间断的花香和鸟语。许多时光，我都情愿只把自己与花草树木相痴缠，只与花草树木。

而一定会一直陪伴在我身边的那种花卉，自然只能是茉莉了！

五六月的阳光极好，我泡开一壶茉莉花茶。

然后，老旧的收音机中播放出黑鸭子组合低婉轻慢的唱词：

好一朵茉莉花

好一朵茉莉花

满园花草

香也香不过它

我有心采一朵戴

又怕看花的人儿要将我骂

谁的少年，会没有叛逆

好一朵茉莉花
好一朵茉莉花
茉莉花开
雪也白不过它
我有心采一朵戴
又怕旁人笑话
好一朵茉莉花
好一朵茉莉花
满园花开
比也比不过它
我有心采一朵戴
又怕来年不发芽
……

时光、人生、世界，仿佛都在这一刻定格。

沉溺进去，我把自己沉溺进去，就在茉莉花的世界中。

木樨科的茉莉，属于攀缘类灌木。可高达三米，小枝圆柱形或稍压扁状，有时中空，疏被柔毛。叶对生，单叶，叶片纸质。果球形，呈紫黑色。花期五至八月，果期七至九月。茉莉的花极香，为著名的花茶原料及重要的香精原料。花、叶可入药治目赤肿痛，并有止咳化痰之效。

有一个关于茉莉的传说是这样的：

唐代苏州有一名妓唤作真娘，真娘出身京都长安一书香门第。从小聪慧、娇丽，擅长歌舞；工于琴棋，精于书画。为了逃避安史之乱，随父母南逃，路上与家人失散，流落苏州，被诱骗到山塘街"乐云楼"妓院。因真娘才貌双全，很快名噪一时，但她只卖艺，不卖身，守身如玉。其时，苏城有一富家子弟叫王荫祥，人品端正，还有几分才气。偏偏爱上青楼中的真娘，想娶她为妻，真娘因幼年已由父母做主，有了婚配，只得婉言拒绝。王荫祥还是不罢休，用重金买通老鸨，想留宿于真娘处。真娘觉得已难以违抗，为保贞节，悬梁自尽。王荫祥得知后，懊丧不已，悲痛至极，斥资厚葬真

第四辑 人间草木

娘于名胜虎丘,并刻碑纪念,栽花种树于墓上,人称"花冢",并发誓永不再娶。文人雅士每过真娘墓,对绝代红颜不免怜香惜玉,纷纷题诗于墓上。

传说茉莉花在真娘死前没有香味,死后其魂魄附于花上,从此就有了香味,所以茉莉花又称香魂,茉莉花茶又称为香魂茶。

国外亦有关于茉莉的传说:

相传菲律宾在独立之后,由美国管理,再早则臣服于西班牙人。在西班牙人统治期间,曾有一些不甘国土被侵的革命志士。其中一位叫作拉刚家林的热血志士,也毅然参加了爱国行动,并在与女友李婉婉话别时说:"亲爱的,如果我不幸血流大地,希望你不要难过,也不要忘记我,请时时为我祷告!""我会的!我发誓一生一世深爱着你!"李婉婉亦深情地表明了自己的心意。

不幸的是,西班牙人船坚炮利,很快就粉碎了菲律宾志士的愿望,拉刚家林也为国捐躯了。李婉婉悲痛不已,每天以泪洗面,身体也因此一天不如一天,最后香消玉殒。朋友把她安葬以后,没想到墓地竟长出一朵从没见过、清香动人的白色花朵,那就是茉莉花。这个故事一直流传在民间,茉莉花也因此根深蒂固地活在菲人心中。

1943年2月1日,驻菲的总督莫非,几经考虑后,公布选定茉莉花为菲律宾之花。当菲人独立自治后,这个千岛之国仍然把象征纯洁和永恒爱情的茉莉花定为国花。

茉莉花素洁、浓郁、清芬、久远,它的花语表示忠贞、尊敬、清纯。

由于茉莉花的贞洁、质朴、玲珑、迷人,许多国家将其作为爱情之花,青年男女之间,互送茉莉花以表达坚贞爱情。它也被作为友谊之花,在人们中间传递。把茉莉花环套在客人颈上使之垂到胸前,表示尊敬与友好,也随之成了一种热情好客的礼节。

茉莉花的花语为官能的、你是我的。因为它的香味迷人,很多人会把它当成装饰品别在身上。在婚礼等庄重场合,茉莉花也是一种很适宜的装饰花,亦经常被使用在新娘捧花上。

谁的少年，
会没有叛逆

  茉莉花茶是一种香味极浓的茶。茉莉清新美丽的外形，让你很难想象原来它也有着如此香甜醇美的花香。散发着就像其花语所说的官能的香味。所以，自古以来，茉莉花就是各种香水的主要原料之一。

  "自是天上冰雪种，占尽人间富贵香。"

  耳畔传来这曼妙的诗句。

  茉莉素洁馨香，恬然雅静，于是，我更加觉得，觉得人间最最美好的时光呀，就是那些花朵盛放的时光，而那些花朵，也最好，最好就是茉莉花！

玉兰幽香

早春的午后,我和丹出去散步。在西安高新区广阔的大道旁,我们看到了一派耀目的美丽。

那是一树树早开的玉兰,纯白、浅黄、淡粉或者暗红的色泽。

其实,我关注这些玉兰已经许久许久了。

也记得前年冬,是暖冬,我们一起散步,也是在这条大道上,我们看到了几树早开的玉兰。

那时候,是有些略微惊讶的。怎么,怎么这些玉兰,会在冬季绽放?

后来,将这一有些惊异的喜讯告知同事,她们也纷纷会在冬的午后出门,去寻也去看那开在冬里的玉兰。

自然,玉兰被我喜欢上,是因了那次冬的绽放。

试想,又有哪些花肯在冬中绽放?虽是暖冬,但仍旧寒冷,仍旧得穿上厚实笨重的棉衣。

而玉兰,却来了,笑盈盈地,甚至是甜美灿烂着——来了。

也于是,我在看到冬里绽开的玉兰后,变得坚定而从容。

玉兰花儿总是优雅的、沉静的。

它们的绽放总是静悄悄的。那是一种并不炫耀和张扬的低调,或许也奢华,然而,仍旧只会低调,再低调。

谁的少年,会没有叛逆

早年读张爱玲的文字,看到她在描写玉兰花的时候,这样写道:"邋里邋遢的一年开到头,像用过的白手帕,又脏又没用。"

那时候,会有种愕然,升腾在心间,惊异于一代才女张爱玲对玉兰花儿的这般描写。

然而,很快,就又理解了她。毕竟,她有着诸多的不幸和烦恼,亦怅惘,更忧伤,所以,眼中看到的玉兰花儿,纵使多么圣洁高雅,也亭亭玉立、袅袅娜娜、风姿绰约、淡定从容,亦是另外的一种"丑陋"特质了吧?

身边认识的友人,很多也是喜欢玉兰的。

在春天,在玉兰花儿略微绽放的时候,我们甚至还相约一起去观赏玉兰。是在某个公园,或是在都市的某条路段。在那里,均植有株株玉兰。在春里,它们开出素白、淡黄,或者是接近于玫红色和紫色的花朵来。而那朵朵花儿的造型,亦总是非常别致的。

如果,你肯仔细观看,就会发现,几乎所有玉兰花儿的面庞都是向上仰望的。它们是在看那头顶的蓝天?抑或是在沐浴春日的阳光?

那时候,自会心生羡慕。

我羡慕它们的积极向上,以及自信和高贵。

心是沉寂也从容的,且淡泊而低调,只是将目光和面庞仰向蓝天和阳光。这个世间,纵使有着数不清的美丽和芬芳,我也只是独自成自己的模样。

也为此,我欣赏玉兰,赞美玉兰!

在秦岭山麓的翠华山下,我曾经参加过的一个拓展训练营,那里就有一树树美丽嫣然的玉兰花。

有年春天,我们去那里参加拓展训练。从未吃过苦,也从未接受过拓展训练的同事们,有的想要临阵脱逃,也有的选择放弃……

纵使时光已然漫过了许多年,我也仍旧清晰地记得,记得那时候的自己。

那个站在十几米跳板上的自己,目光中满是恐惧和感伤。站在下面的同事和教练都在为我加油!然而,生性胆小的我,仍旧不敢跨出那一步。

第四辑
人间草木

眼前，是绵延的青山，树木的叶儿也已显出了青翠，有风，并不大的春天的微风，在耳畔吹起。我听到了自己紧张的呼吸，以及恐惧的心跳……时间一分一秒地走过，而我，却仍旧犹豫着、胆怯着，始终都不敢跳跃。

"你看啊，有白色的玉兰花儿在绽放。它们面庞向上，流露的全是勇敢和坚定，也有自信和沉着……你喜欢玉兰花吗？……不如，你就学学玉兰，做做玉兰，勇敢地跳跃出去！……"站在下面的拓展教练突然高声地对我说出了这番话。

略微镇定之后，我终于看到了眼前不远处的那一树玉兰花儿。的确，它们是面庞向上的，更是自信和坚定的，也透着勇敢和高贵。

终于，我让自己振作了起来。

终于，我跳跃了出去！

我听到了一阵阵激烈的掌声，还有同事们，以及拓展教练的欢呼声。

那是永远都会留在我记忆中的，一次拓展训练的画面。

也是后来的某个春天，我与友人相约，再次来到那个秦岭山麓，翠华山下的拓展训练营。

近乎半天的春日时光，我们都是在那里度过的。

漫步、品茗、拍照，更深情地回味……

接近玫红、素白、浅黄色的玉兰花儿在那里，我都得以看见。它们骄傲地伸展腰肢，也满是自信与优雅地朵朵盛放，使我想起生命中那些流逝而去的美好时光。

一些素年，一些锦时……它们，全部打马经过，就在我的眼前、身旁，甚至，是带着呼啸和激昂的声音。

是在冬天，也是午后，和同事一起散步，我们走到那一行玉兰树下，就看到了含了苞的玉兰，其时，那还是冬天呢，是冬的尾巴吧。因是暖冬，所以它们也快乐着，不可忍耐着要急急地开放。

我喜欢这些玉兰，就像喜欢百合花一样。

在我看来，并不能算作美丽的百合总是那么清雅和脱俗，而眼前这一

谁的少年，
会没有叛逆

树树的玉兰，虽还没有完全开放，但也有着某种美好的气质，类似于百合那样的气质。也观察过玉兰，它开放时总是直直的，花蕊向上努力地张开，给人一种力量和向上的感觉。好像是热爱生活的人儿在昂头倔强而优雅地活着，那样活着，是对未来生活的美好憧憬，蕴含的是一个生命对生活对人生的无限热爱。

这么可爱的花儿，充满了纯洁和脱俗。

再停下来欣赏时，会忽然想到自己。

多年前的自己，总是哀伤的，内心被那些悲凉笼罩着。虽然内心里也一直渴望美好的阳光，渴望和憧憬未来生活的无限美好，那时候的自己，却是不能拥有美丽心情的。不知道有多少个深夜，是在啜泣中度过的，也不知道泪水打湿了多少衣衫。

许多往事都难以回首。不肯回首却并不代表它们不存在。偶尔会想起许多，那些悲伤的愁苦的往事，那些让我落泪让我哀伤的情景。

也常想，若时光可以倒流，绝不那么哀伤了，肯定要将自己的心态调整到最好，肯定要让自己快乐，哪怕境况比现实更为糟糕。

也所以，会羡慕和喜欢那些可以一直昂然开放的花朵。它们始终盎然的神态，总使我反思自己。自己是该学习它们，学习它们那坚强且无畏的精神。

人生的路走过许多后，才终于明了：其实，逆境并不能算作什么。一个人，无论面临怎样的境况，也无论走着的道路布满怎样的荆棘，又怎样艰难和险阻，最关键的是自己的那份从容，那份来自内心深处的坚定力量。具备了无比坚定的力量和信念，就算面对怎样的困境，也能坦然面对。并且，也会乐观地看到前方的美丽景致。

也因此，我们的生命才会充满活力和欢快。

漫长艰辛的人生旅程中，我想，正是玉兰，在冬中绽放的玉兰，给了我力量，更给了我勇气和自信。

也于是，我喜欢静静地站在玉兰树下欣赏玉兰花儿。

第四辑
人间草木

山有木兮木有枝，玉兰幽香君可知。

又是早春，当我再次看到那些绽开的一树树干净纯洁的玉兰花时，我更是喜悦且幸福的。也有感恩，也有满足，似一朵又一朵的玉兰花儿般，盛放于我的心头。

也从此，我想，我会更像玉兰的。

纯洁、高雅、清幽亦坚定从容的玉兰。

我要我做朵玉兰，芬芳也从容优雅于我的人生。

谁的少年,
会没有叛逆

虞美人兮

关于虞美人,最早得知并心生喜欢,仅仅只是因为南唐后主李煜的《虞美人·春花秋月何时了》。

那是在我读小学四年级的时候,父亲教给我的一首词。

彼时,于这首词也是似懂非懂。虽然父亲给我讲过,但是我记忆不够深刻,只是觉得这首词真是极美,也更喜欢词牌名"虞美人"了。

五年级第一学期结束的假期,我终于见到了虞美人的图片。

那是一个姓赵的女学生寄给父亲的。父亲从高一一直担任班主任,教授语文,直到将一个班几十名学生都送进大学。姓赵的女学生寄给父亲的是一套印刷精美的花卉类明信片。

犹记得,一个飘着雪花的傍晚,父亲拿着那套印刷精美的明信片走进了书房。其时,我和哥哥正在书桌前写作业,父亲指着其中的一张图片说:"瞧,这就是虞美人!"

那刻,我想,我是被虞美人的美丽和鲜艳给惊诧了!

是的,那是一种怎样的美丽和鲜艳啊?

虞美人,它的美丽,是不同于其他花朵的。它的花瓣,轻盈而微薄,像是蝉翼。而那样的轻盈更微薄的蝉翼呀,更是鲜红鲜红的。

那种鲜红的色泽,真真就像极了,像极了一滴鲜血。

第四辑 人间草木

后来的某天,我才终于知道,原来,虞美人果真有过一段与鲜血有关亦动人心魄的传说故事。

相传秦朝末年,楚汉相争,西楚霸王项羽兵败,被汉军围于垓下。项羽自知难以突出重围,便与宠妾虞姬夜饮,忽然听到楚歌四起,不禁慷慨悲歌:"力拔山兮气盖世,时不利兮骓不逝。骓不逝兮可奈何?虞兮虞兮奈若何?"虞姬也感到大势已去,含泪唱和《垓下歌》起舞,歌云:"汉兵已略地,四方楚歌声。大王意气尽,贱妾何聊生!"歌罢,她从项羽的腰间拔出佩剑,向颈一横,顿时血流如注,香消玉殒。这就是秦汉时期最为凄美悲壮的爱情故事之一——"霸王别姬",传颂千百年,一直令人唏嘘不已。

后来,在虞姬的墓上长出了一种草,形状像鸡冠花,叶子对生,茎软叶长,无风自动,似美人翩翩起舞,娇媚可爱。

民间传说,这是虞姬精诚所化,于是人们就把这种草称为"虞美人草",其花称作"虞美人"。虞美人花朵上鲜艳的红色,据说就是虞姬飞溅的鲜血染成。似乎虞姬死后仍在,她变成了虞美人草,年年在春末夏初这段时间开花,即使转为草胎木质,依然执着。仍是那一份对霸王的坚贞与守候,也还是像从前一样终年不停地为霸王展颜巧笑、弄衣翩跹。

我真正看到虞美人,分别是在西安的大明宫、植物园和陇县的关山牧场。

有年暮春,一个人去大明宫游走,却在参观完大明宫地下博物馆,亦穿过一派绿茵茵的草地之后,邂逅了虞美人。

老远,其实我就看到了一片绚烂!

彼时,也在心里猜测,该不会就是虞美人吧?

那时候,在心里面分外庆幸的是,自己有一双视力极好的眼睛。当然,这也是要感恩于父母的。是他们赐予了我健康的身体,更在日后的成长中,很好地保护了我的视力。也因此,才使得我老远老远地,就认出了那一片花海,真的就是,就是虞美人。

谁的少年，
会没有叛逆

果真。待走近细看，它们果真有着那年父亲给我所看的图片上的熟悉姿容。只是，眼前的这些虞美人，色泽更为丰富多彩罢了。

这是大明宫中，位于大明宫地下博物馆和太液池之间的一大片虞美人花海。

我很庆幸，很庆幸那天这一大片虞美人花海前游客极少。这也使得我能够更加贴近虞美人了。

为了证实眼前的这一大片花海就是虞美人，我那天还特意寻找了花海的标识牌。是的，它们果真就是虞美人。我看到了那块写着虞美人的白色木牌。那上面写着"虞美人"。而"虞美人"三个字的下面，还有非常简洁的介绍"罂粟科。别名丽春花、赛牡丹、小种罂粟花、蝴蝶满园春。一年生草本植物。原产欧洲，世界各地多有栽培，比利时将其作为国花。如今虞美人在我国广泛栽培，以江浙一带最多。虞美人是春季美化花坛、花境以及庭院的精细草花，也可盆栽或切花。"

喜欢幽静的我，对那刻的境况真是十分满意的。因为，在虞美人花海的周围，几乎没有几个人。所以，我可以静静地观赏它们！

红色、黄色、白色、橘色、粉色、紫色，还有红色花瓣边儿沿上了一圈白色边儿的虞美人。这种沿了白边儿的虞美人，更是惊艳，像是穿了美丽裙子的女子，妖媚而娇艳。

更是极具媚惑的。

可不是？尘世中那样极具媚惑的女子，倘或被遇见，而你，恰恰又是男子，怎会不频频回首？即便，你是女子，大概也会在频频回首的同时，心生嫉妒吧？

而虞美人，就是这样的一种花。它的娇媚、它的妖娆、它的旖旎以及热烈，必定也会遭到许多花卉的嫉妒吧？

或者，亦是因此，更多的时候，人们才会将它误认为罂粟花。

罂粟花，可是有着毒性的，它是制取鸦片的主要原料啊！

然而，也难怪人们会误认了它们。因为它们同属一科，又有着分外相

第四辑
人间草木

似的外表。

都那么美丽、妖娆、鲜艳更媚惑。

如果，如果女子，有了这样的特质，那么，必定就对男子有了特别巨大的杀伤力。试问，哪个男子，能够抗拒得了女子的美丽、妖娆、鲜艳和诱惑呢？

清代诗人许氏写虞美人的一首七言绝句中的一句"碧血化为江上草，花开更比杜鹃红"，据说就是根据"霸王别姬"这一动人传说所做的描写。

虞美人，也因此，成为更加美丽动人的花卉。

2014年的春天，我在西安的植物园中，再次见到了虞美人。

许多品种的虞美人——复色、间色、重瓣和复瓣等品种的虞美人，都在西安植物园中被我看到了！

由于对虞美人的过度喜爱，那次，我还就虞美人特意请教了西安植物园的一名花卉专家。她告诉我："虞美人和罂粟同属一科，从外形上看，虞美人和罂粟很相似，但实际上区别非常大。虞美人全株被毛，果实较小，而罂粟花植物体光滑无毛，果实较大。虞美人花未开时，蛋圆形的花蕾上包着两片绿色白边的萼片，垂独生于细长直立的花梗上，极像低头沉思的少女。

"待到虞美人花蕾绽放，萼片脱落时，虞美人便脱颖而出了：弯着的身子直立起来，向上的花朵上四片薄薄的花瓣质薄如绫，光洁似绸，轻盈花冠似朵朵红云片片彩绸，虽无风亦似自摇，风动时更是飘然欲飞，原来弯曲柔弱的花枝，此时竟也挺直了身子撑起了花朵……"

"实难想象，原来如此柔弱朴素的虞美人草竟能开出如此浓艳华丽的花朵……"我听后，不禁大声慨叹。

虞美人姿态葱秀，袅袅婷婷，因风飞舞，俨然彩蝶展翅，颇引人遐思。虞美人兼具素雅与浓艳华丽之美，二者和谐地统一于一身。其容其姿大有中国古典艺术中美人的丰韵，堪称花草中的妙品。

我第三次见到虞美人，是2015年夏末秋初时节在陕西陇县的关山牧场。

谁的少年，
会没有叛逆

那一小片虞美人，其时就娇艳盛放于我们所居住的"绿园宾馆"门前。所谓的"绿园宾馆"只不过是一排十分整齐的简易房子而已。未曾到过关山牧场的游客，总以为，在关山牧场也能够住上类似于都市三星级的酒店。然而，毕竟是草原，毕竟是牧场，住宿条件都相对比较差了。"绿园宾馆"已经算是关山牧场条件最好的宾馆了。

所以，当我住进"绿园宾馆"的时候，心里也是生出了阵阵失落和怅惘，心境也因此而变得些微低落。

而就在这时，我看到了"绿园宾馆"门前的那一小片虞美人。

粉色、白色、红色、黄色和橘色的虞美人，它们静静地绽开在夏末秋初的夕阳之下。是的，那一抹夕阳，正巧映红了它们。这使得它们看起来更加脱俗也美好！

它们一株株地挺立，袅袅然亦芬芬然，像是坚强刚毅的女子，正战胜着一场困难。

于是，我的心境，在那刻，在看到它们的那刻，忽而改变。

是呀，毕竟是出门在外啊，怎么可能会有十分满意的住宿环境呢？如果，只是为了追求舒适的住宿环境，那么，何必要跋涉千山万水，去赏世间的美好风景呢？

这样想着的时候，我在心里，由衷地感激着虞美人。

没有想到的是，在 2015 年的秋末初冬时节，我的心中突然地生出了冲动，要写下一些关乎人间花木的文字，而虞美人，也当之无愧地被我罗列了进来。

"春花秋月何时了，往事知多少。小楼昨夜又东风，故国不堪回首月明中。

"雕栏玉砌应犹在，只是朱颜改。问君能有几多愁，恰是一江春水向东流。"午后，窗外的暖阳晒将过来，温暖了我的背脊。

靠在皮质的椅子上，我正在轻声朗读《虞美人·春花秋月何时了》。

穿过光阴的河流，我仿佛看到了多才多艺、工书善画、能诗擅词，亦通音晓律的南唐后主李煜。

他在生日（农历七月初七）那晚，在寓所命妓作乐，唱《虞美人》词……终于，那唱声乐声激怒了宋太宗。于是，这位南唐后主，被宋太宗命秦王赵廷美赐牵机药，将他毒死。

《虞美人·春花秋月何时了》，遂成为南唐后主李煜的绝命词。

春花秋月，年年开花，岁岁月圆，要到什么时候才能完了呢？以往的一切都消逝了，都化为虚幻了。归宋后又过了一年，夜阑人静，幽囚在小楼中的人，倚栏远望，对着那一片沉浸在银光中的大地，多少故国之思，凄楚之情，涌上了心头，不忍回首，也不堪回首。他遥望南国感叹，"雕栏""玉砌"也许还在吧？只是当年曾在栏边砌下流连欢乐的有情之人，已不复当年的神韵风采了。人生啊人生，不就意味着无穷无尽的悲愁吗？愁思如春水的汪洋恣肆，奔放倾斜。又如同春水之不舍长夜，长流不断，无穷无尽。

多么令人心碎的一首生命哀歌啊！

每每听到或是看到这首流传千古的《虞美人·春花秋月何时了》，我便会不由自主地想到那些满园盛放、姿态葱秀、袅袅婷婷、因风飞舞，俨然彩蝶展翅，引人遐思，也更兼具素雅与浓艳华丽之美，二者和谐地统一于一身的虞美人！以及，"霸王别姬"中始终坚贞守护在项羽身边，容貌倾城、才艺卓绝、鸾回凤翥的美人虞姬！

谁的少年，
会没有叛逆

栾树花雨

在秋中，是最美的午后，阳光暖暖地晒着。

这时候，我总喜欢出去走走。

是清净而宽阔的马路两侧，美丽栾树的枝枝丫丫间，正挂满美丽的果实。橘红或者已经渐褪了橘红的颜色，在蓝天白云，也在丽日晴空中形成一幅绝美的风景画。

喜欢追逐美好，总是不肯放过任何一个捕捉美丽的时机。秋日午后出去散步，我也常会带上相机。是的，如果，如果有美好的景致，一定是要拍摄下来的。

栾树的花期刚刚过去不久，那些黄色的，非常娇小的花儿已经不再纷落。这时候，树丫间最美的风景就是这些色泽接近橘红的果实了。

随着北方气候的转冷，这些果实便会渐次褪去它们炫目美好的色泽，而变得一天天黯淡清雅起来，是接近泥土的色彩。即使在冷秋，在已经薄凉冷寂的初冬，栾树的果实依然非常好看。

也许，那些时候，这些饱满的果实会逐渐变得干瘪，也会渐渐坠落，掉在冷寂而干燥的地面上。但即便如此，这条宽阔马路两边的人行道上，依然有着不一样的美好。

那亦是栾树给予的美好！

第四辑
人间草木

  总是喜欢抬头看蓝天白云,而秋的阳光、秋日里栾树枝丫间挂满的橘红色一如灯笼般的果实、初冬甚或隆冬时节栾树已经显得萧索单薄的大小枝丫……那些小小的枝丫呀,总是朝向天空,即使天空阴暗而冷寂。

  雨来的时候,正是秋色最美的时节。而栾树,则在此时显得愈加独特而美丽。

  它的树干是微微潮湿的深黑。而树叶,则因雨水的滋润而愈加葱郁秀美。如果清晨,一定会有几只可爱的灰白毛色相间的长尾鸟雀飞来栖落。一起叽喳,一起扇动美丽轻柔的翅膀,然后去细啄那栾树枝丫间的橘红色果实。从这棵树到那棵树,它们时而停歇,时而起飞。而秋的微雨,似乎也在它们的翻飞轻啄中止住了脚步。渐渐地,天边透亮起来,阴云散去。是在倏忽间吧,太阳就美好也欢笑地跳跃了出来。于是,这座城市的秋色便愈加灵动美好起来,是诗情的,更是画意的。

  雪来的时候,栾树也是我喜欢观赏的树木。很安静,很优雅,有着那么丁点的寂寥和清素,但绝对是寒冬雪花飞舞图景中最美好的一种树。不张扬,不喧闹,不畏惧,亦不骄傲。即使冬雪已经覆满全身,也依然会裸露出自己最雅致的部分。或者,只是非常细弱的纤小枝丫,但是,也一定是要傲立于纷飞白雪之中。

  寒风呼啸的时候,我亦是喜欢观赏那些栾树的。

  彼时,许多树木已经彻底消沉,低低地垂了眉梢,甚至,有些已经在寒风中挺不直腰杆,瑟瑟发抖起来……但,栾树,依然傲然挺立着。那不是骄傲和自大,不是,绝对不是,那只是一种风骨,一种气质。

  是的,树亦是和人一样的,有着它们的风骨和气质。

  而栾树,美好而优雅的栾树呀,它的风骨和气质更是令人折服的。

  你可以不喜欢它吗?

  在你看到的时候。

  风来了。

  栾树的腰身依然挺直,不为别的,只因它有着坚定而悠远的志向,宁

谁的少年，会没有叛逆

愿在四季轮回、烈日风雪中铮铮于众多树木之间，成为城市的又一类奇美无比的绿化树。

从此，优雅、烂漫、安然、宁谧也与世无争。

你看得到我的美，你懂得我的美，那么，我便是美好的。

我绝不刻意作秀，绝不。

我只是我。

——一种优雅、烂漫、安然、宁谧更与世无争的树，栾树，而已。

近几年，在古城西安的许多新修路段，都陆陆续续地植上了栾树。

也许是因了栾树早些年在西安的并不常见，所以，仍旧有许多人并不认得栾树。

不过，不认得就不认得吧？最重要的是，大家能够在一年四季之中，都感受到栾树的美好。这一点，才最为重要吧。

北方总是四季分明的。

而一年四季当中，栾树也是不断变换着模样的。

春的翠绿、夏的葳蕤、秋的黄色小花纷纷落尽之后，便是满枝丫灯笼般的果实了。而冬季的栾树，则更有着其他季节所没有的孤清和飒爽。

别名木栾、栾华的栾树，是无患子科植物，亦是落叶乔木或灌木。栾树的树皮较厚，多呈灰褐色和灰黑色。老时纵裂，皮孔小。

我最早记住栾树，其实也是因了它的那些黄色的小花儿。它们缀满枝头，煞是惊艳。

那个秋，我又看到了那一树树细致的黄色花儿。

还是早秋，那些黄色的花儿就缀满了枝头，一朵朵，一朵朵都泛着淡淡的清香。

早先，是以为这是别的什么树，也没有仔细地观赏过这些绽放得并不过分盛大的黄色花朵。

那天，忽然落了雨，是微微的雨，有些微的清凉和诗意。早晨上班，就看到了路边散落的黄色的小花儿。一朵朵，一朵朵，散漫在微湿的地上。

远看，竟是黄成一片的斑斑点点，很醒目，亦很凄零，但又有让人惊艳的气场。

下车后，便走近去看。原来，原来它们都是栾树的小花儿啊。可这样有种惊诧感的栾树的小花儿，总给人想要俯身去嗅的冲动。

它们的模样，像极了春末盛放于槐树枝头的槐花，那种散漫绽放于春天的我们用来做麦饭的槐花。

俯身拾起一朵，手上便有了清淡的香。这香，这淡然而清幽的芳香是我所喜欢的。我便想，无论它们绽放在何处，它们的芬芳仍是可以令人流连和眷念的吧？

也是从那天起，记忆中便多了关于这些小朵的黄色的栾树花儿。

去咸阳，也曾看到了这样黄色的，栾树的小花儿。

那是夏末，很闷热，却看见一片黄，零零星星地触目惊心。老远看，是有着很大气场的。而走近，却是一朵朵一朵朵孤零零散落着的。难得的夏风吹过，便扬起了一阵芳香，清淡而让人难以割舍。

近来，又于忙碌之余关注了这些黄色的小朵的栾树花儿。

更大方更美丽了。是的，的确是的。在栾树的那些黄色的小小花儿纷纷坠落之后，它的枝头叶间又挂满了一些仿如果实的东西，微微地泛着浅红，但也带了略微的橘黄，或是微红和微黄皆有的色彩。在秋风中，在蓝天下，在白云间，竟是那么炫目那么特别。

倘或，更加形象地来描述四季中的栾树的话，那么，完全可以这样来描画：春时，它们是一个人的幼年时期。或许才刚刚生出嫩绿的枝芽，叶儿随着春天气温的升高而渐次地变得翠绿。夏时，它们是一个人的青春期。有了几许懵懂，碧绿葳蕤的树叶儿也常在夏风中激情漾动。而那些鲜黄的小小的花朵啊，则是青春期的张扬和耀目。秋时，它们便是一个人的中年期了。随着天气的逐渐薄凉，树丫上挂起了红色接近橘色的果实，那些果实，在阵阵秋风中，露出憨厚的笑意。冬时，它们即是一个人的老年期了，孤冷、凄清，却也有着某种分外特别的高深莫测，那是人生的一种至高境界，

谁的少年，会没有叛逆

或许清寂，但仍不会去凑那场喧嚷的热闹……

秋雨之后，或是秋阳来时，我会用相机拍下它们。

忙碌的间隙，我会坐在电脑前欣赏它们。然后，我发现，我紧绷的神经忽然松弛了下来。

我笑了，很惬意地笑了。

特别的爱给特别的你。

这本是一句歌词，可是，我要将它献给你——这奇异而淡雅的、黄色的、十分小的栾树的花儿。

花不在艳，也不在大，而在它的别致和清雅。

就像某种人，不必大肆炫耀张扬自己，却也能留给人们特别良好的印象，带着淡淡且清幽的香，弥散着，让你陶醉，亦让你难忘……

第四辑
人间草木

木槿开兮

夏的时候，几次因工作，而下班较晚。

但走的时候，分外地留恋，真是不想走呀……

那是因为看到了更美的景致。

确是美丽，非常美丽。

是在附近的十字路口。而那时，已是暮色轻笼的时分了。可是，就在我一转头的时刻，看到了以往从未见过的美丽。是暮色中的山峦，很清雅，很安静，黛青的颜色有点略微发暗，但是暗得恰如其分。似乎，还有点朦朦胧胧的意思，分外有点水墨画的味道。而那淡淡的夜色，亦是美丽的。不黑，一点都不，只是静谧之中的素雅，虽然不那么明亮，但能给人一种遐想和悠远的回味。而这条宽阔马路两侧的路灯，则发出温暖的光亮来，在这薄暮之中，给晚归的人们以更多的温馨和宁谧。

我在这么美好的薄暮中，慢慢地穿过马路，但仍旧不舍得快步前行，依然一步三回头地看那美丽的景致。

在马路边的道沿上，坐着两个环卫工人。她们穿着干净整洁的蓝色工作服。一边聊着什么，一边看着那暮色中的山景。

我忽然，非常羡慕她们。

虽然夜色会渐浓渐深，但是，她们可以坐在这里，安静悠然地欣赏暮

谁的少年，会没有叛逆

色中的青山和路边这些还在娇艳着的花朵。

那天，我真是一路想着也转头看着那道美景，一边在心底羡慕着她们。

这片土地，这片开发区，总是十分幽静也非常美丽的。

无论哪个季节，都是我喜欢的。宽阔又平整的路面，很少的车辆，偶尔会有喜欢健身的人骑了自行车不急不慢地经过，也时常，会有一些同我一样，喜欢这片美色的人，漫步着走过。

道路两旁的花木很多。

红叶石楠是这片土地的最爱。一排排的红叶石楠被修剪得分外整齐。我总是喜欢在经过的时候，认真地欣赏它们。那些新发的小芽儿尖尖的，偶尔还闪烁着几丝亮光，像是阳光穿过身旁高大树木洒落下来的光影，又或者像是几滴雨后的银珠，那么莹亮，那么美好，总使我分外贪婪地想多看它们几眼。而更多的时候，我亦会想起很多很多。在那些美好的日子里，我们一起散步，有丹在身旁。然后，我们一起在看到的某片长势极美的红叶石楠面前止步不前，或者，还会蹲下来，轻抚它们幼嫩的红叶。

一次，我们看到一些被修剪下来的红叶石楠的幼芽，就散落在路边的石径上，忽然，我就有些疼惜了。是呀，这么美好的红叶儿，怎么就这样被弃掉了呢？……于是，我和丹弯腰捡拾起几枝来。回来后，将它们插进水瓶中。真是好看呀，真是特别呀。在我们的办公桌上，它们静静地生长，每天照旧呼吸着新鲜的空气，每天，也依旧焕发出勃勃生机。几乎，那几枝捡拾回来的红叶石楠的幼芽，是被我们在那两只透明的玻璃花瓶中，养育了近乎两个月的。

等车的时候，我看到了那几株优雅的树木，是木槿，很美丽也很雅致。就像是一位优雅亦略有风情的女子，静静地等在马路边上。她是在等待她的爱人吗？还是，只是在等待一场美丽的爱情？……

我总记得第一次见到这几株木槿的时候。那时，我并不知道它们就是所谓的木槿，只是觉得它们好特别呀，特别是在春季来临的时候。好像，好像它们并不急于绽放自己，一点都不急。千朵万朵的花儿都争相盛放了，可是，唯有它们，依然不紧不慢地站在路边。在和煦的春风中，在万花丛中，亦在满是花香的空气之中，它们静静地，默默地，等待着，生长着。

我几乎没有看到它们的巨大变化。是的，好像一直都没有。不急，我慢慢地长高，也慢慢地绽放。我为什么要那么急切呢？我要为了那场美丽而矜持沉寂，我不要张扬，不要……

于是，在我的多次经过中，它们依然那么娴静地站立着。一阵微风吹来了一场冷雨的凄凉，我在微微的冰寒中回望它们。它们，依旧很镇静，很稳妥，很优雅地站立着。虽然有风吹过，但那又能怎样？吹来吹去的风呀，你只能吹动我的片片绿叶。我的枝干，我的灵魂，将是你永远都无法吹及的地方。

于是，我在这样的回望之中，愈加地喜欢也爱恋上它们。

而那刻，我更是愿意的，甚至真是心甘情愿它们就这样静默在风雨之中。即使日月再次轮回，即使季节不断交替。

也会突然想起那些描写木槿的诗句。

有女同车，颜如舜华。

将翱将翔，佩玉琼琚。

彼美孟姜，洵美且都。

有女同行，颜如舜英。

将翱将翔，佩玉将将。

彼美孟姜，德音不忘。

三千年前，初次见你，正值木槿花期。得遇佳人，心生欢喜，不禁忘形。

这是《诗经·郑风》中描写木槿的诗句。

舜华、舜英都是指木槿花。

木槿是一种古老的花，有单瓣与重瓣，花色多样。洁白称"椵"，胭脂红称"榇"。

那位像木槿一样美丽的绝世佳人，漂亮又德行高尚，令人难忘。她有

谁的少年，会没有叛逆

着沉鱼落雁之姿，闭月羞花之貌，身佩美玉，走路犹如小鸟翩飞。

颜如舜华，是古人心中美人的样子。

隔着几千年的时光，依然被少年人生只如初见的满满喜悦所感染。

他在她容颜极盛时遇见她，真是诸般美好。而他，定是喜欢木槿的，才会将心上的女子比作木槿花一般美丽。

"朝菌不知晦朔，蟪蛄不知春秋。"

木槿，最初不仅在《诗经》出现过，还在《庄子·逍遥游》里出现过。《庄子·逍遥游》里所说的"朝菌"即为木槿。木槿朝开暮落，所以它不知晦朔（晦，夏历每月的最后一天；朔，夏历每月的最初一日）。蟪蛄过不了冬，所以不知春秋。

最美的爱情，便是等待。在等待之中期盼美好，那美好，便也分外美丽起来。你见过有哪些美好的爱情是没有经过等待而来得异常直接呢？而往往，那些没有经历过等待的爱情，亦是短暂而平淡的。我们不能说它不美丽，只是，不够美丽而已。恐怕也短暂，也淡然，只因为没有经过炽烈的期待。

当一份感情在心中久久期待，久久燃烧的时候，想必那个爱情中的人儿，亦会变得异常美丽吧？

也所以，我是喜欢这几株木槿的，因为它们特别且耐得住寂寞。

而我真的就看到了它们的美丽。

——这不，在炎热的夏里，它们果真就美丽了起来。美好的花朵散漫地开在绿叶之间，不多，零零散散的，有着淡淡的浅紫的色彩。而这样浅淡且散漫的模样，也再次让我想到了它们的矜持和静默。

似乎，它们的美好绽放，是为了一场绝美的爱情；但又也许，只是为了美好自己而已。

你看与不看，我都在这里。

你看与不看，我都要盛放。

我静静地站立，我淡淡地绽放，并不只是为了与另一些美艳去争抢，

第四辑
人间草木

去争抢一场完美无憾的爱情。

我的默然,我的矜持,我的优雅,或许,只是为了自己。

其实,我自己,才是一场绝美的爱情……

我忽然有了更多的遐想和感动。

木槿还有一个古雅的名字叫"日及",即言它只有一日之期。

当第一缕曙光落在枝梢,它怦然绽放,当暮色渐渐侵袭人间,它悄然离场,去如惊鸿不可收。

然而,它并不顾影自怜。

一花凋落,一花又开。它自顾自地如期花开,在最美丽的时刻从容谢幕,热烈而沉静,用一天的时间,演绎完美的一生。

"暮落不悲容艳好,旭日依旧无穷花"就是对木槿的最好写照。

颜如舜华的女子,拈花一笑的样子,有谁会知,花落之前的呓语:千里的路,若只能陪你一程,握你的手,前尘后路我不会再问……

一个人有命运浮沉,一朵花也有古今兴衰。

以木槿花瓣,在雪地上砌你的名字;

忆念是遥远,忆念是病蜗牛的触角;

忐忑地探向不可知的距离外的距离。

诗人周梦蝶如是说。

每一朵落花,都曾美好过。花开若相惜,花落莫相离。

在这炎夏七月的暮色中,只为,我只为看到这几株晚些绽放的木槿花而心生感动!

谁的少年，
会没有叛逆

蒲英似雪

我常常被一些事物或者景象所打动。

就好像，有天，秋日的黄昏时分，我在不经意间看到，然后就又被打动了那样。

——是个女子。

她的长发有点散乱地一如海藻般披垂下来。其时，正有黄昏时分最美好的夕阳照耀过来，映衬得她，仿佛就是，仿佛就是那美丽夕阳下，世上分外清纯动人的女子一般。

而我所不能不为之打动的，并不是她在无限美好夕阳下的全部模样，而只是她在吹起一朵蒲公英时候的一个神情。

呃，那是怎样的一种神情呢？

忽然静止，或者就是锁定，更或者，是略微感伤的颓废……

总之，它无比执着更无比坚定地击中了我。

令我感动，那感动，漾满心房，久久，久久都不肯停息下来。

她的右手正举着一朵蒲公英。而她的眼神里，又十分不屑。然后，微红微粉又带有蔷薇色饱满性感的嘴唇呀，便些微地噘翘起来，然后，便是我的被打动，或者，更加深刻一点地说，便是——被击中。

她的眼神，真是不屑的。

或者，是她已然吹过许多次蒲公英了。那些蒲公英，皆在被她吹的时候，十分兀自更散漫地四处飘零，然后，寂静地落于草丛地畔之间，再然后，重新生长并生生不息。

因为她常常地吹蒲公英，所以，她会有不屑的眼神。

你的生长和不屑，总是有着我的功劳在其中的。所以，我会多少地生出不屑来。

也许，她并不曾这样想过。而这样的想法，只是我于那刻给她的强加罢了。

是我在嫉妒着她，或者就是，我被她的不屑眼神所彻底征服和迷醉？

呃，都有，都有的。

所以，我会被她所打动和击中。

我亦是喜欢着她的唇。

那是女子所少有的性感之唇。

也妩媚，更娇艳，如花朵一般。

唇线饱满而分明，噘翘起来，有着分外醉人的弧度，或者就是，深度的诱惑。

如果，是男子，是不是会在看到的那刻，就突然爱上了她？

我想，我想会的，一定会的。

因为，有些时候，我们真会突然就爱上了某个人。而这样的爱上，或许，仅仅只是因了她那极富性感的嘴唇。

什么时候，来了一阵山风，有些微凉，或是薄凉。

然后，我忽而惊醒，是从一场迷醉当中。

她的身影，何时已然消失，消失于这片寂静荒凉的山林？

自然，自然我是并不知道的。

谁让我，情愿为此而迷醉呢？

为了，只为了，看她吹起蒲公英时候的那个眼神，以及极其性感的、妩媚娇艳的花朵一般的唇。

谁的少年，会没有叛逆

明年，或者我还会再来。

又或许，那时，我会再次遇见她，而她，亦是在美好曼妙的黄昏夕阳下，更是在清秋些微的薄凉中，吹起一朵蒲公英……

那朵蒲公英呀，也一定会带着她的梦想，自由飞翔……

刚刚长出来的蒲公英，像极了一茎杂草，普通得并不会引起人们的注意。

菊科多年生草本植物蒲公英的根呈圆锥状，表面为棕褐色，些微地皱缩，叶边缘有时会呈现锯齿状。随着蒲公英根茎的长大，不多久蒲公英的中心便伸出一个个"小枝干"，那就是它的花苞，那含苞待放的样子像个鼓鼓的大包袱，真是可爱。

别名黄花地丁、婆婆丁、华花郎的蒲公英为头状花序，种子上有白色冠毛结成的绒球，花期为四至十个月，花开后随风飘散到新的地方，然后，再次孕育崭新的生命。

这个世间，大约没有哪种花会如蒲公英这样自由自在了，可以随了风儿随意飘散。

每当清风吹过，它们就飘呀飘，仿如是在做着一次旅行，身边是宠爱它们的父母、兄弟和姐妹。

每每看到一些蒲公英在随风飘散，崇尚更向往自由的我，便会打心底里羡慕起它们。也会想，倘若来世可以做株植物，那么，我定要选择做株蒲公英……待到满园花开烂漫的时节，自由地放飞起自己。

于自由自在的蒲公英，记忆中也是有过一段温馨更难忘的过往的。

而那年，空气中总弥漫着淡淡的清香。

我很喜欢那种浅淡的清香，喜欢在那样的黄昏去校外的小径边漫步。

小径曲折蜿蜒到很远很远的地方，有时候，我会一个人坐下来，静静地看遥远的地方，寻觅小径的尽头。

偶尔，我也会悄悄地微笑，为自己心底里的那个秘密。

喜欢在初夏的时节里，记录一些心情或故事。

第四辑 人间草木

  高二那年，已经工作了的姐姐送给我一个粉色封皮的日记本。本子的封面竟是一条幽幽的小径，在小径的旁边，散落着一些蒲公英，在黄昏的阳光中，那些蒲公英的花儿正开得旺盛。
  不知道是因为喜欢小径还是因为喜欢蒲公英，我一直都很喜欢姐姐送给我的那个粉色日记本。
  粉色的日记本总是被我带在身边，我喜欢它，喜欢它粉的颜色，还有封皮上面悠然浮荡着的蒲公英，那些花儿似乎正对着我微笑呢。
  课间，我总喜欢翻开这个粉色的日记本，然后在每一页的适当位置画上插图。我想象着画各种各样的插图，很抽象的人或景。
  某天，我又独自去了校外的那条小径，是在黄昏。天边的云霞很美丽，有着浅橘的颜色，白云像被撕碎的棉絮一般，一片一片地浮游着，似乎很懒散的样子。
  我很喜欢这种意境，悠悠然地陶醉于其中。
  这时候，我忽然发现了蒲公英。是的，真是蒲公英，只有那么一株，正随着微风轻轻着摇晃。
  那天的那个黄昏，我就很自然地陶醉在了蒲公英的身边，不想离去。
  天色渐黑，我才很不舍得地走开，但走的时候，我还是那么眷恋它——这株就快要开了的蒲公英。
  学校里放了一段时间的假，因为农忙。
  从学校离开的时候，我特意又去了校外的小径，又特意去看了那株待开的蒲公英。
  大约半个月的假期，却让我感觉非常漫长。
  我知道自己是想念那条小径了，也想念那株长在小径边的蒲公英了。
  有几个夜晚，我甚至辗转反侧地不能入睡，一味傻傻地想念着小径上的蒲公英。
  终于，终于我盼到了收假。
  那天，我兴冲冲地来到了学校，由于来得很早，校园里完全是静悄悄

谁的少年，
会没有叛逆

的。我喜欢这样的安静，喜欢在这样的安静里，我不被打扰地想念我的小径和我的那株蒲公英。

放好书包，我就匆忙去了小径，我要去看望我的那株最爱的蒲公英。

到了，终于到了。

想到就要看到我的那株朝思暮想的蒲公英了，我真的好激动呢。

可是，我的激动最终也只是一场惨白的激动。我的蒲公英不见了，真的不见了……

我那么想念那么喜欢那么挂念的蒲公英怎么会不见了呢？

我站在小径边，站在那株蒲公英以前生长的小径边，不住地落泪。

小径边的麦子都已收割完毕，以前的景物全没了，就像我最爱的蒲公英突然消失一样。

也许是哪个坏小孩毁掉了我爱的那株蒲公英吧？也许是忙乱中收割的农人不小心割掉了蒲公英？也许是某个人亦如我这样，傻傻地喜欢上了它……而将它悄悄地转移走了？

我的思绪里滋生出千千万万种不同的猜测。

但无论怎样，无论我再怎么猜测或者难过，我的那株最爱的蒲公英，它最终也还是回不来了，我想。

带着悲伤离开时，我还是不住地回头，向那株蒲公英以前生长的地方张望。

返回校园后，我一度变得沉默而忧伤。

翻开那个粉色的日记本，我很快地画了那条小径和那株欲开的蒲公英。

但是，我的眼泪，还是滴落了下来，正好滴到了那朵欲开的蒲公英花骨朵上。我知道，那也许就是我的蒲公英的眼泪吧？

第四辑
人间草木

蔷薇妖娆

一

我想,我是分外喜欢蔷薇的吧,要不,怎会时常地想起它。

也总记得去年初夏,开车路过南三环,我总能看到大片大片的蔷薇花,分外热烈地盛放。那是一片红色的蔷薇花,所以,在那样已经渐热的时节,愈加显得热烈而盛大。

每每路过,都会想,它们,是否是在奔赴一场最为盛大的宴会。或者,是要去寻觅最爱的那个人,而那个人,也许已经走远,为了能够引得注目,所以,它们要着了非常艳丽的盛装,热情奔赴。

它们的香味该是浓郁的吧。

是否,也会一如它们的盛装一样诱人。

夏,好像是在忽然之间就滑过了的。虽然,夏在我的印象中,总是分外漫长的。可,2012年的那个夏,似乎是短暂的,甚至,在我还未来得及去嗅那大片鲜艳的红色蔷薇花,也还未来得及要去和它们合张影呢,夏,便倏忽着飘走了。

后来,我常想,或许是美丽的蔷薇花的花期异常短暂吧,所以,才有

谁的少年，
会没有叛逆

了夏亦短暂的感觉。

而在我还不熟知蔷薇花的那些夏里，夏的身影总是拖沓冗长的。虽然，也有浓绿茂盛的树丛，也有微凉清爽的风，也有甘甜可口的刨冰，也有各色的轻薄夏裙，或款款或深情或轻盈着飞过来，让炎热的夏多了许多清凉和惬意，但，毕竟那时，我关于夏的记忆中是没有蔷薇的。

也因此，我感觉到我那时候的夏，其实，真是异常单调而乏味的。

是在那一天，在我忽然看到那大片大片艳红的时候，我感到了从未有过的惊艳。

这惊艳，像极了某场意外的邂逅，是完全的浪漫，亦有着更多绵长悠远的想象。

秋时，我一直在寻觅一种色彩，一种形状。我常常一个人，或喜悦或哀伤地携了相机，穿行在古城的公园中。在一种花前，在许多色彩中，我都会安静地站定。我也常对着它们按动快门，但，每每我摄入镜头的只是一种缅怀或眷念。

我知道，其实，那种想念，那种思恋，已经走得很远很远了。

但，喜爱蔷薇的我，在这样的想念思恋中，又岂能甘心放弃寻觅？

——当然不能。

一次秋的微雨之后，我再次漫步于幽静潮湿的公园，却老远地眼前一亮。是红啊，一片红啊，那正是我最熟悉最期待的艳红啊。

我急急地奔了过去，却有些幽幽的感伤。原来，那潮湿地面上，零落了一地的艳红啊，只不过，只不过是公园中绽放的石榴花散落的凄楚花瓣。

在那片落红前，我垂了眼泪。

而此时，垂泪的此时，我才知道——原来，我是这么喜欢和爱恋着蔷薇。

冷秋，严冬。它们，都是那么漫长。

我依然每天经过幽静的公园，依然想要寻到那片喜欢也熟悉的艳红。

可，在粉红、桃红以及各种色彩的缤纷耀眼中，我始终未寻到我所想念的红。

第四辑 人间草木

在浓浓的思念和淡淡的忧伤中,我想起了自己第一次听到的"蔷薇",好像是在一部电视剧中听到这两个字的。当时尚且年轻,我也并不懂得"情愫"两字的含义,却也觉得那"蔷薇"两字实在是妙呀,实在是好啊,好像在你念它的时候,就已经满口流香了。

那天,开车再次经过南三环,我刻意看向窗外。我要看,要看那片曾经艳红热烈的花枝,是否已经有了小朵小朵的苞蕾。

没有,什么也没有,那些绿色的隔离网上,有的仅是一些枯萎的枝蔓,甚至连该有的那抹青绿,也都还没有……

或许,人生总会这样,当你非常想念某样东西的时候,它却总是给予你无限失望,并且,这种失望,总是裹挟了更多疼痛的深痕。

经过了夏,又走过了冬。

在春的轻盈中,我想,我的蔷薇该来了吧?

窗外,春色还未映入眼帘,只是一派枯黄与萧索。

虽然已有小朵的、零星的、亮黄迎春花吹起了它的小喇叭。可,我依然感觉有丝丝的寒意袭击过来。

冬的尾巴上,站着一个女子,她眼神清淡地望向远方。远处的天,仍旧灰暗,有冷风,呼呼地吹,耳畔有噼噼啪啪的鞭炮声此起彼伏,而在不远的南三环,或是其他有着蔷薇的地方,则有一朵又一朵的蔷薇,开成一片,它们,是真的要去赴一场爱情的盛宴!

二

某天,我在想念蔷薇的时候,百度到了一些红色妖艳的蔷薇花。

看到的那个刹那,眼泪倏然而下。

是为这些美丽妖娆的蔷薇竟绽放在一面不怎么鲜亮又不怎么精致的墙壁上而感伤吗?

我想是的。

谁的少年，
会没有叛逆

是疼惜花草的女子，亦是容易感伤的女子，见不得一点美艳被孤绝和冷落。而这些大片大片的红色蔷薇花，几乎是一簇簇、一团团地热烈奔放，似要去赴一场最美爱情的盛宴，却被这面厚重又压抑的古墙给阻拦了⋯⋯

或许是爱情的过度美丽和激情总在诱惑着蔷薇，或许是蔷薇本身就极喜欢热烈的奔赴。激情而妖艳，丝毫不害羞，亦丝毫不遮蔽。就像那正值人生韶华的青春美艳女子，在丽日晴天下，正骄傲而雀跃地褪去身上的衣裳，只留下诱人的内衣，就急急地要奔向满是浪漫满是危险的海岸边。蓝色的海浪一层层翻涌，脚下的沙滩极度绵软。骄阳高照中，她忘记了那海中的危险，也忘记了大海的贪婪和浪花的凶猛。

就要去，就要去。奔着，跑着，哭着，闹着⋯⋯反正就是要去。即使最爱自己的妈妈过来阻拦，也别想拦住⋯⋯

这让我想起许多青春或者妙龄的女子。她们总是为了爱情而痴情绝对地奔赴。母亲在身后呼唤，父亲想要拉她回来，同性的朋友因为懂得爱情的残酷和凄凉也想要阻拦她，给她忠告或者要她一定小心，可是，这些痴情的女子啊，那刻正在为爱情而燃烧。她们的心中唯有爱情，似火焰，烧得正猛烈也正起劲。

爱情是火，女人是蛾。痴情而梦想的女子总会痴缠在美好的爱情中，久久地难以自拔。她们也许也会看到那团爱火在熄灭之后的凄寒，也许也会想到那个日前还深爱自己的男子或许只是暂时地拥有，或者不消一会儿，他就会转身，就会被另一个女子迷惑，永远永远地离开⋯⋯可，无奈，几乎所有女子在遇到爱情，遇到自己的最爱时都会是一只飞蛾，满载喜悦也满载渴望地飞奔而去，坚强而毅然地去赴那场爱情的火。

或者，多年后，她的身心依然碎裂，或者直到生命的最后一息，她仍旧难忘那场爱情。于是，在她的身后，在她的心里，便有了很深很深的伤痕，洒满每一处通往她生命末点的通道，甚或角落。

三

女儿学校的后面,是一处几近废弃的旧屋,大约年代久远,在初夏的阳光中,越发显得斑驳而沧桑。

于一些久远沧桑的物品,我有时会生发出一些好奇。或者,会在遇见之时,多几眼打量。

而于这一处旧屋,亦是如此。每每经过,总要稍稍地放慢脚步,然后,再把目光细细地逡巡一番,似要从其中体会出时光疾走而过留下的某种味道,或是色彩。

或许,世间的一些事儿,就是如此深情的吧?就好像,那日再路过时,我忽然看到了一处丛生的蔷薇一样。

那蔷薇,是突然从旧屋侧面的一面墙壁旁显露出来的。在这稍显破败的旧屋的衬托下,那丛蔷薇,显得无限突兀的美丽。

妖艳、醒目到十分惊艳。

或许,是看惯了那些习以为常的破败吧,我忽然觉得不怎么适应起来。目光便也不再如先前那样,十分自然地去逡巡了。而只是,硬生生地把目光聚焦于那丛妖娆娇艳的蔷薇身上。

绿绿的叶儿,并不硕大,却在午后的阳光中,显出足够的神奇与活力,似乎,总有亮闪闪的光辉漾动于其间。而那朵朵的花儿,则分外妩媚娇柔,几朵浅粉、几朵玫红,在阳光与绿叶间,无比美好也灿烂。

几丝夏风轻袭而来,空气中便袅绕氤氲起缕缕的清香。

呃,是那丛蔷薇散发而出的芬芳,清雅且诱人的清香。

此后,我总会在忙碌的几许间隙,忽然想起那丛蔷薇。

仲夏的时节,却仍旧常常地落雨。

又一个落雨的夜晚,我失眠,便在心中惦记起那丛蔷薇。不知它们可好?会不会经受不住这忽然飘洒而来的雨?

第二日,送女儿上学,我再次经过那儿,便很自然地把目光放逐过去。

谁的少年，
会没有叛逆

密集丛生、满枝灿烂，它们是在微雨或朝露之后，显现出了另一种特别的美丽——花瓣红晕湿透，好像花季少女白皙粉嫩的双颊，微漾着唯有懂得的人，才能够欣赏得到的嫣然和曼妙。

风说得对　就放心让它吹干我的泪
别后退　倔强的自卑一碰就会碎
而你说得都对　有些人不是你想象中的完美
但没所谓　随之而绽放就不怕天太黑

我是一朵为爱永远不低头的蔷薇
任自由纷飞点缀了我整个城市的灰
勇敢走出路的迂回　默读了眼泪
让悲伤破晓瞬间　因我而美

我像是一朵被爱洗涤后盛开的蔷薇
任坚固柔情保卫了我不被原谅的罪
穿越冷暖躲过夜坠　燃烧了卑微
让日光骄傲洒在我的背　看不见花萎
而你说得都对　有些人不是你想象中的完美
但没所谓　随之而绽放就不怕天太黑
……

戴佩妮用她略微沙哑动人的声音十分用情地唱着《野蔷薇》。黄昏的夕阳下，看着那朵朵投影于灰色城墙下的蔷薇，我想：蔷薇，它总是坚韧而执拗的吧？否则，此后的每年仲夏，我又怎能，一再地看到它们，于一处破败落拓中自然绽放而出的分外娇艳和灿然呢？

第四辑
人间草木

桂花飘香

花中之魁——梅花、花中之王——牡丹、凌霜绽妍——菊花、水中芙蓉——荷花、花中皇后——月季、繁花似锦——杜鹃、花中娇客——茶花、君子之花——兰花、十里飘香——桂花、凌波仙子——水仙，中国十大名花不仅蕴含着我国不同层面的精神文化底蕴，更有着深厚而浓郁的历史内涵。

倘若仔细分析中国十大名花，我们就会发现，唯有桂花，是唯一不靠颜值而榜上有名的花卉。

最初生长于深山中的桂花色泽并不分外艳丽，且黯淡轻黄，外表逊色。

虽然，桂花并不如其他名花那样明丽鲜艳，但是它仍旧是历代文人墨客赞颂的对象。

杨万里讲"不是人间种，移从月中来"。

宋代韩子苍称"月中有客曾分种，世上无花敢斗香"。

"不辞鹎鸠妒年芳，但惜流尘暗烛房。昨夜西池凉露满，桂花吹断月中香"，这是李商隐在《昨夜》中对桂花的赞语。

杜鹃鸟一叫春天就过去了，百花都零落了。我知道春天要过去，百花要零落，我知道人世间这种无常是不可避免的。我所惋惜的是，为什么蜡烛还在燃烧的时候就被尘土遮蔽了？花的生命是短暂的，但如果在它开放

谁的少年，会没有叛逆

的短暂时间内风和日丽，那也算对得起它。可是为什么它那么短暂的生命还要遭受风吹雨打，不被人认知不被人了解？李商隐说，昨天晚上我站在西池凄凉的池水边，到处都是寒秋的凉露，那时候是"桂花吹断月中香"。大家都说月亮里边有桂树，桂树上的桂花是有香气的，可是在昨天那个寒冷的晚上，连月中桂花的香气都消失了……一切美好的东西都被摧毁了，一点希望都没有了。

抛开李商隐在诗句中于感情的那种无可奈何，单就桂花的香，就足以说明"物为美者，招摇之桂"。

我国古代神话世界中的所谓"招摇之山"，据说就是因为其山有桂而著名的。屈原《九歌》中载有："援北斗兮酌桂浆，辛夷车兮结桂旗。"

桂花是我国最名贵的花木之一，在金秋时节，一树树的桂花全开了，桂花的香气飘散到了千里万里。因而，只要提及桂花，人们就会自然而然地想到桂花的芬芳馥郁。

朱贯之在《桂》中咏叹道："人间植物月中根，碧树分敷散宝熏。自是庄严等金粟，不将妖艳比红裙。"《南部新书》中则赋予了桂花更多的神话色彩，说丹桂就是月宫中的那棵桂树传来的。

又名岩桂的桂花系木樨科常绿灌木或小乔木，质坚皮薄，叶长椭圆形面端尖，对生，经冬不凋。花生叶腋间，花冠合瓣四裂，形小，其园艺品种繁多，最具代表性的有金桂、银桂、丹桂、月桂等。

作为中国传统十大花卉之一的桂花是集绿化、美化、香化于一体的观赏与实用兼备的优良园林树种。桂花清可绝尘，浓能远溢，堪称一绝。尤其是清秋时节，丛桂怒放，夜静轮圆之际，把酒赏桂，阵香扑鼻，令人神清气爽。

汉代至魏晋南北朝时期，桂花成为名贵的花卉与贡品，并成为美好事物的象征。《西京杂记》中记载，汉武帝初修上林苑，群臣皆献名果异树奇花两千余种，其中有桂十株。公元前111年，武帝破南越，接着在上林苑中兴建扶荔宫，广植奇花异木，其中有桂一百株。当时栽种的植物，如

甘蕉、密香、指甲花、龙眼、荔枝、橄榄等，大多枯死，而桂花有幸活了下来。司马相如的《上林赋》中也提到桂花，当时桂花引种宫苑初获成功，并具一定规模。

晋代嵇含的《南方草木状》记载："桂出合浦，生必以高山之巅，冬夏常青，其类自为林，间无杂树。"《南部烟花记》记载，陈后主为爱妃造"桂宫"于庭院中，植桂一株，树下置药杵臼，并使张妃驯养一白兔，时独步于中，谓之月宫。可想而知，当时把月亮认作有嫦娥、桂树、玉兔存在的月宫这一传说已相当普及，更说明早在两千多年前，中国就把桂树用于园林栽培了。

在陕西汉中市城东南圣水内还有汉桂一株，相传为汉高祖刘邦臣下萧何手植，其主干直径达二百三十二厘米，树冠覆地面积四百多平方米，枝叶繁茂，苍劲雄伟。

唐代文人引种桂花十分普遍，吟桂蔚然成风。柳宗元自湖南衡阳移桂花十余株栽植零陵。白居易曾为杭州、苏州刺史，他将杭州天竺寺的桂子带到苏州城中种植。

桂花的神话传说不断出现，尤其是唐代小说中的吴刚伐桂的故事，更在中国民间广泛流传。传说中说：月中有桂树，高五百丈。汉朝河西人吴刚，因学仙时，不遵道规，被罚至月中伐桂，但此树随砍随合，总不能伐倒。千万年过去了，吴刚总是每日辛勤伐树不止，而那棵神奇的桂树却依然如故，生机勃勃，每临中秋，馨香四溢。只有中秋这一天，吴刚才在树下稍事休息，与人间共度团圆佳节。毛泽东的诗词"问讯吴刚何所有，吴刚捧出桂花酒"，就源自于这一典故。

有年秋季，我独自一人去往苏州游玩，因为于桂花的偏爱，所以除了在拙政园、苏州博物馆、平江路、山塘街、留园、寒山寺、枫桥、镇湖刺绣街和常熟服装城留下足迹外，还特意去了桂花公园。

流连于苏州园林，更被山塘街的夜景所迷醉，观前街不仅很热闹，而且小吃也多。那些十分有特色的江南小吃极大地满足了我这个"吃货"。

谁的少年，会没有叛逆

那时候，会不自觉地在内心里慨叹——温婉的江南水乡真是一座适合居住也多情浪漫更分外安逸的城市啊！

后来，当我在桂花公园徜徉漫步的时候，就更是对这座城市深情爱恋了。

位于苏州古城的东南隅，建成于1998年10月的桂花公园，即是以苏州市的市花桂花而命名。园中桂花品种之丰富，数量之多，居国内首位。

桂香袭人的桂花公园拥有九龙桂、一串红和雪桂等桂花名种，漫步在桂花公园，享受着秋日的暖阳，也感受着江南秋色的美好和绚丽，我只觉得，那一刻，自己真真就是这个世界上最最幸福的女子！

于桂花的偏爱，还缘于我和一个名叫"桂花"的同学的一段往事。

读中学时，学校里总有叫"桂花"的女同学。而高二时的同桌，亦是叫作"桂花"。

——一头乌黑的秀发总是梳成马尾辫，走起路来轻盈如蝴蝶，说话的声音温婉而清越。面若桃花，眉儿弯弯，亮汪汪的大眼睛似会说话一样，口若樱桃……唉，就算有更多美好的词汇也会尽显苍白。是啊，黄桂花，我的同桌，她竟是如此完美的一个女孩呀！

虽然她那么美丽，甚至是非常脱俗的，但是我那时并不喜欢她。

一次班会课后，我敲开了班主任李老师的门。"我需要调换座位。"我说。多年后，依然记得李老师笑着问了我——为什么？也记得，当时我并没有正面回答李老师，而是再次重复了"我需要调换座位"这句话。

以为，调换了座位，就可以远离"桂花"。没想到，直到高考完毕，我都没能离弃"桂花"。非但没有离弃，反而喜欢甚至深爱上了"桂花"。

一直是班中第一名的我，没有想到黄桂花竟然在高二第一学期末的时候超越了我。并且，总分还高出我六分。我第二，她第一。于是，心里便生出了丝丝缕缕的恨。一定要超越她，一定……我暗暗下着决心，也不会多看她一眼。虽然许多同学，特别是男生们，都非常喜欢她，甚至，有那么几个男生常常会围着她转，为她带好吃的，也去新华书店买书送她。这些男同学整天在我眼前晃来晃去的，但不是讨好我……于是，我心里对黄桂花就更恨了。

高二下学期期中考试成绩一出来，我便再次傻眼。这次，我差黄桂花十一分。看着考试成绩单和名次排列表，我的气就不打一处来。

我也一直在心里想，怎样报复她一下，使她成绩下滑；或者找机会羞辱她，让她在同学们面前难堪。

但我的报复羞辱计划还未实施呢，却发生了令我意想不到的事情。

一天放学，黄桂花追上了我，说要送几本书给我。我拒绝。是呀，我怎么可能接受她送的书呢。不要，坚决不要。我态度恶劣甚至非常冷酷地跑掉了。

第三天放学，回家后，母亲对我说，下午一个阿姨来家里了，说是专程送书给你的……

翻开母亲递给我的三本书时，我怔住了。

——这三本书的第二页，都写着"黄桂花"三个字。

而那本作文提分的书中，还夹着一封字迹工整也简洁的信。信上写着：我真的不是有意想要伤害你。也不知道你为什么不肯接近我，但我还是想请你原谅我，原谅我在没有征得你同意的情况下，送这三本书给你。其实，我们没有必要这样，属于我们的中学阶段如此短暂，高考之后，也许，彼此会相隔更远。每个人的生命都是有限的，为什么我们不好好珍惜这场友谊呢？我很欣赏你，也相信，只要你努力，肯定会远远地超过我。我们做最好的朋友吧！

我忽然落了泪。那泪，一滴滴滴落在黄桂花写给我的信上。于是，那些黄桂花写给我的字，便洇染成了一朵朵盛放于信纸上的并不美丽的花儿。

高考成绩出来后，母亲带我去了黄桂花家。"真得好好感谢你们呀，如果没有桂花的帮助和鼓励，我们家小雨就不会取得这样好的成绩……"母亲笑着对黄桂花的父母说这话的时候，黄桂花已轻轻走过来，微笑着牵了我的手："走，咱们去散步……"

谁的少年，
会没有叛逆

又是清秋了，古城西安的环城公园已是丹桂飘香。一家人在秋阳极好的午后漫步于公园，也在几株桂花树下站定，不用将鼻孔凑将过去，即有芬芳馥郁的桂花香气阵阵袭来。

中国人寓意桂花为"崇高""美好""吉祥""友好""忠贞之士"和"芳直不屈""仙友""仙客"，更寓桂枝为"出类拔萃之人物"及"仕途"。

因而，桂花自古便是美好幸福以及友好吉祥的象征。

在我后来愈加痴情爱恋上桂花的时候，便总在心里想："物为美者，招摇之桂。"于桂花，真是当之无愧，当之无愧呀！